田村 潤

キリンビール高知支店の奇跡

勝利の法則は現場で拾え！

講談社＋α《プラスアルファ》新書

はじめに

さまざまな会社の方々に経営や営業に関する講演を行うと、多くの営業マンから悩みを伺います。

そこで多いのは、まったく新しいものが売れないというよりも、かつては売れていたことがあり、ブランドとしての資産はあるのに現在は売り上げが伸びない、どういう手を打ったら打開できるのだろうか、という悩みです。

世の中に必要とされているものだという確信はあるのに、なぜか市場が反応しない。ライバル社に侵食されて負けており、その流れを逆転できない。

どうしていいかわからない苛立ちを、わたしは嫌というほどよくわかります。

なぜなら、それはわたしがかつて直面し、悪戦苦闘した状況だからです。わたしが勤務していたキリンビール株式会社は1907年に誕生し、高度経済成長が始まる1954年に国内シェア1位の座に着きました。そこから長らく「ビールはキリン」という時代が続き、1972年からはシェア60％という王者の座を長い期間守ってきました。しかし、1987年にアサヒビール株式会社が「スーパードライ」を発売したことから、売り上げは急落します。結果、２００１年にはシェア40％を割り込み、ほぼ半世紀ぶりにトップの座をアサヒビールに明け渡すことになりました。

キリンがスーパードライの波に飲み込まれつつあった１９９５年に、45歳だったわたしは社内で代表的苦戦エリアといわれた高知支店に支店長として赴任しました。そして厳しい闘いの末、２年半後には高知支店の業績は反転し、高知県においてアサヒビールからトップシェアの座を奪い返すことができました。

後になって気付いたことですが、この闘いの本質はライバルとの闘いというよりも、自社の風土との闘いといえると思います。そして、現実と格闘して得ることができたのは、キリンビール社内、あるいはビール業界だけで通用するノウハウではなく、営業に普遍的な考え方や、物事の捉え方でした。わたしが高知での逆転劇で得たこの考え方は、現在必死に打開策を求め、間違った闘いに血を流している多くの現場の営業マンにとって、解決の糸口になるものだと思います。

わたしはその後高知支店での成果を全国に広げるべく、四国４県の地区本部長、東海地区本部長と、より大きなエリアの営業に取り組み、それぞれでシェアを反転させ、２００７年からは代表取締役副社長兼営業本部長として全国の指揮をとり、２００９年にキリンビールは9年ぶりとなるシェアの首位奪回を実現しました。もちろんそれぞれの闘いに新たな壁があり、紆余曲折のあるものでしたが、あえて言い切れば、高知支店で学んだことがその後の方針の「軸」となりました。

「闘いに必要なことは、高知支店ですべて学んだ」

国際的なブランドビジネスをやっている他社の役員から伺った話ですが、海外で闘うにしても、やはりまず日本の地方のあるエリアで勝ち方を極めていることが非常に大事なのだそうです。そのエリアをよく見て、エリアの特性や住んでいる人、風土とか、チャネル全部ひっくるめて最も適切な正しい手を打って実績を上げることができた人間こそ、海外に行っても通用する。サウジアラビアに行っても、ドイツに行っても、そのエリアで最も適切な打ち手を自分で考えて実行することができる。そういう力量というのは国内のエリアのマーケティング、営業から養われるのだと。

成績が悪くなるほど、本社では会議が連日続き、営業の現場へはこれをやれ、あれをやれという指示が増えていきます。そうなるとその指示をいかにこなすか、忠実に守るか、という受け身の営業スタイルに陥り、言われたことをこなすだけで精一杯となるのがよくあるパターンです。ますます自分で主体的に考えて動くことが難しくなってしまいます。組織の仕組みのなかでリーダーも営業マンもひとつの歯車として動くことがすべてになってしまうと、ますます「勝ち」からは遠ざかってしまう。

そんなときにこそ、「何のために働くのか」「自分の会社の存在意義は何なのか」という理念を自分で考え抜き、そこに基づいた行動スタイルをとることが打開する鍵になるのです。

第一章では、高知支店で途方に暮れながら、どうやってこの考え方に辿り着いたかを、第二章では、より広い市場でその考えをどう展開させていったのかを述べます。

そして第三章では、実践していくうえでどう考え、どう行動すればよいかのポイントをまとめました。

◉目次

第二章　舞台が大きくなっても勝つための基本は変わらない

第一章　高知の闘いで「勝ち方」を学んだ

■1995年　高知の夜は漆黒だった

「高知空港にまもなく着陸いたします」

機内アナウンスに気が付いて、高度を下げていく機内の小さな窓から目をこらして外を見ました。しかし高知の夜は漆黒でした。

やがて、着陸態勢に入り、ようやく目に入ってきたのは、オレンジ色の街灯が一列に並んだ1本の幹線道路だけ。

空港ターミナルから外に出ると、まだ夏の夜の湿った暑さが残り、わたしは、東京から南に来たことを実感しました。同行の妻、4歳になったばかりの娘と3人、両腕に荷物をぶら下げ、タクシー乗り場に向かいました。市内に向かうタクシーのなかで、キリンビール入社後すぐに配属された岡山工場以外は東京、大阪という大都市しか知らなかったわたしは、何とも言えない寂寥感に囚われていました。

急に娘がわたしの顔を見て「明日から頑張ろうよ」と言いました。

幼いながらに気配を察して、無口になりがちなわたしと妻を励ましてくれたのでした。そこでわたしははっとしました。

そうだ。ここで生きていくしかないのだ。

1995年9月。わたしは高知支店長の辞令を受け取りました。

その年には阪神・淡路大震災、そしてオウム真理教による地下鉄サリン事件があり、世の中には何かしらこれまでと違う不安のようなものが感じられる年でした。当時、わたしは東京本社で量販の本部担当営業企画の部長代理で、ダイエー、イトーヨーカドー、セブン－イレブンなどの量販チェーンとの商談と全社の施策立案が主な仕事でした。こうした量販店が海外からビールを輸入して安く売り始め、価格破壊がちょうど始まったころです。

量販店は、同じ業態間で熾烈な競争をしていますから、特売などで安くビールを売るために、卸値の値下げや、メーカーからのさまざまな協賛を要求していました。「国産メーカーが値段を下げて卸さないと売り場はなくなるぞ」というようなかけひきが商談のなかに登場してきました。いわゆる価格営業です。

安く良いものを消費者に届けることはいいことには違いありません。しかし、ゴールのない値引き戦争に足を踏み込むことは、メーカーの体力を消耗させ、長期的に良いものを消費者に届けることから遠ざかってしまいます。この観点で、際限のない安売り競争に入ることは、メーカーにとってつらいだけでなく、お客様のことを考える顧客視点からも正しいとは思えない。そうしていったん安い値段をつけてしまったものをまた元の値段に戻すと、ぱたりと売り上げが止まることも想像がつきます。ブランドの価値が軽いものになれば、飲んでいただいているお客様にも、一生懸命ビールづくりに励んでいる工場にも申し訳ない。

一時的な数字を上げるということを優先すれば、やるべきは価格営業かもしれないが、市場全体を捉え、競合他社・流通の状況、ブランド力も含めて、全体で捉えるとその手法は違うと考え、わたしは価格営業に反対でした。

しかし、部署としては、特売条件を増やし、値引きをしてでも大量商談を成立させたいという思いがあります。そこで上司とわたしは意見対立しました。

「安売りをしろ」

「安売りはしません」

「安売りをしなくて、売り上げは上がるのか?」

そんなやりとりが繰り返されるうちに、全国でも苦戦地域のひとつで、負け続けている高知支店に異動することになったのです。業界内では「左遷」といわれました。ただ7年後にはキリンは価格営業では経営がたちいかなくなり、安売りの原資となるリベートを廃止し、安売りに頼らない価値営業に方針転換せざるを得なくなったのですが。

自分が懲罰的な人事だと感じただけでなく、社内では「田村は終わった」という声もありました。

一方で、高知という地にいやな気持ちはありませんでした。考え方の根本が違う上司の下で仕事をするよりも、子供のころから好きだった山や川、海、自然のなかで仕事ができるならそれもいいや、という気持ちもあったのです。

それでも残暑の残る夜、実際に闇の濃い、寂しい高知空港に到着してみると、どうしても「左遷」という二文字が胸を去来するのでした。

危機が始まった

ここで当時のキリンビールの状況を簡単に説明しておきます。

キリンビール株式会社の前身は１８８５（明治18）年に設立されたジャパン・ブルワリー・カンパニーで、その中心はビール事業が将来有望であると見込んだ横浜山手の在留外国人たちでした。ジャパン・ブルワリー・カンパニーは三菱社社長の岩崎弥之助などの資本も得て、醸造技術に熟練したドイツ人技師を招聘し、本格的ドイツ風ビールの醸造を志しました。

1888（明治21）年に「キリンビール」を発売します。そして、この動物が世の中に現れると幸せが訪れる前兆という伝説の東洋の聖獣〝麒麟〟がラベルに配されました。

その後、1907（明治40）年に岩崎家によってジャパン・ブルワリー・カンパニーを引き継いだ麒麟麦酒株式会社が設立され、その後も本格的なドイツ風ビールのメーカーとして市場から高い評価を得ていました。このとき、出資者である土佐の岩崎家などは、三菱創業と同様、理念を大切にする方針を掲げています。それは安易な安売りに走らず、「品質本位」「お客様本位」を追求し、最高のビールをつくるという理念です。

関東大震災、第2次世界大戦の生産統制などさまざまな困難はあったものの、1954（昭和29）年に国内シェア1位の座に着きました。

そこから長らく「ビールはキリン」という時代を送り、1970年代初頭、物価の高騰が社会問題となると、シェア60％を超えていたキリンには批判が集まるほどになりました。独占禁止法による分割はまぬがれたものの、一時は〈売りすぎない〉ようにするほど、市場においてガリバーの存在になったのです。

しかし、1987（昭和62）年にアサヒビールが「スーパードライ」を発売したことを契機に、売り上げは急落します。それまでもビールメーカー各社はキリンの牙城を崩すべく、さまざまな施策、商品を投入してきていましたが、ラガービールを中心とした商品はまったく動じることがありませんでした。

それがアサヒビールがスーパードライを発売して以来、キリンの独壇場であったビールマーケットに変化が起こり始めました。

スーパードライは、発酵度を非常に高めた製品で、コクとキレという対立する概念をひとつのものとして「美味しさのイメージ」をつくりました。さっぱりとしたキレは、これまでにない味覚として打ち出され、広告を通じて美味しさのイメージや男性的な勢いの良さが訴求されていきました。その結果、爆発的なヒットとなります。

キリンが圧倒していたシェアが急激に食われ始め、商品開発、工場、マーケティング、営業、すべてが慌てました。

何とかしなければ。この流れを食い止めなければ。

焦って繰り出す打つ手打つ手が裏目に出て、挙句は「キリン　ドライ」という逆効果の商品まで出し、みるみるアサヒビールは背後に迫ってきます。

しかしキリンは、1990年に「一番搾り」を発売して大ヒットさせ、スーパードライの勢いを止めることができました。

しかし1993年に総会屋への利益供与事件が起こり、1995年には新製品「太陽と風のビール」に雑菌が混入する事件まで発生。

1976年にビールの国内シェアが63・8％もあったのが、1995年には50％以下にまで落ち込み、もしもこのまま負け続ければ会社の行く末が案じられるような状況に陥っていました。

しかし、長い間、とにかく売れる時代が続いたため、当時の営業は苦労や工夫というものが何か知りません。仕事といえば、キリンビールの特約店に割り当てを振り分けたり、本社への報告などの売上管理が主。問屋、酒販店に対してあまり売れない商品との抱き合わせ販売をしたりで、当然売れない商品を押し付けられた酒販店はキリンに対して良くない感情さえもっていたのですが、キリンはそれも深刻に受け止めていませんでした。

そのようななかで、数字上の危機感から、百年の伝統がある「ラガービール」の味覚を変更するという決断をし、新しいラガービールとして広告も一新して1996年2月に発売しました。従来のラガーは、喉にガツンとくるコクと苦みが特徴で、多くのファンをつかんでいましたが、スーパードライを支持している若者や女性層を取り込まなければならないと、飲みやすいタイプに方針転換したのです。これは結果的に大失敗で、それまでのラガーファンを失望させ、さらなるキリンビール離れを生んでしまいました。事前の消費者調査と正反対の結果が市場に生じたのです。

現場に本質はある

そもそもわたしがキリンビール株式会社に入社したのは１９７３（昭和48）年。岡山工場労務課に配属され、そこで４年間勤務しました。幸運なことに尊敬する上司に恵まれ、多くのことを学びました。

なかでも重要なことはふたつ。

ひとつは、「現場に本質がある」。すべてそこからスタートさせる。現場のリアリティを大事にし、机上論、美辞麗句を排する。

ふたつ目は、「人間の能力は無限大である」。さらにいうと、それを引き出し、会社の業績につなげ、従業員に素晴らしい人生を歩んでもらうことが、労務課員である自分の使命。

その後６年半本社人事、労務部門で勤務し、営業部門に転出しましたが、当時のキリンの営業組織風土はそれまでに学んだこととは正反対でした。売れすぎて困っていた時代ですから、役所以上の役所とまでいわれ、官僚主義、形式主義、実行より手続き、現場より会議、本質把握より細かな分析を大事にする、といった風土でした。それも真面目で仕事熱心な人たちが実践しているのですから、やっかいです。本社で批判的に眺めていましたら「それなら、自分が売ってこい」ということで配属されたのが大阪支店の量販担当営業でした。

大阪支店以降の営業、マーケティング、商品企画に携わった27年の年月は、闘う相手はライバルメーカーではなく、社内の風土だったように思います。

しかし、わたしのなかでは一貫して、「起点となる現場強化が決定的に大事なのである」ということ、そこで働く人、ひとりひとりの主体性が重要であるという思いは変わりませんでした。他に頼らず自ら進んで行動し、自分の頭で考え、工夫や努力で突破するスタイルを重視することも、２０１１年に会社を辞するまで変わりませんでした。

いわば一国一城の主となる高知支店への赴任は、そうした価値観が成果につながるのかどうかをまさに試される機会でもあったのかもしれません。

都落ち

アサヒビールにどんどん迫られている。

スーパードライへの流れのなかでもがいているキリン大逆風の時代。

そのなかでも高知支店は負け幅が大きく、最下位ランクの支店でした。四国地区本部では、「お荷物」とまで見られていました。

高知支店に出社した初日。まず皆を招集して朝礼を行いました。

成績が悪い支店ですから暗い雰囲気かと思いきや、意外と淡々としたものでした。自分たちは言われたことをそれなりにこなしているので、県全体の数字が悪くても仕方がないという顔をしていました。危機感をもっているのではと多少期待していましたが、それはまったく感じられませんでした。

誰が来ても一緒だよ。時代の流れは変わらないんだよ。

そう思っているあきらめがにじみ出ていました。

挨拶回りに出かけることになり、ここが一番賑やかなところだと、はりまや橋の交差点の辺りを車で通ったのですが、ちょうど昼どきなのに誰も歩いていなかった。あ、こういうところに来たんだという、なんだか不思議な感じがして、改めてしみじみとしました。寂しいというわけではないのですが、その当時は、東京、大阪が花形の時代でしたから、都落ちのような感じもあったのです。

支店ではすぐに、前任者の送別も兼ねた歓送迎会をやってくれました。昼間の雰囲気とうって変わり、これが飲むとすごく明るい。予想していたのとはずいぶん違うなと思ったのですが、あとから思うと、無理して飲み会で明るく装う感じだったようです。不自然な明るさで、いわば、カラ元気だったのです。

情けない営業

当時の高知支店は全部で12名。支店長に営業マンが9名、そして営業のサポートをしている内勤の女性が2名です。営業マンは全国採用で転勤してきているのですが、女性2名は高知の地元採用でした。

高知は横に長く、広い県です。高知市とその周辺に人口の5割が集まっています。そこで9人のうち6人は高知市内を担当し、若手3人がそれ以外のエリアを受け持っていました。

営業マンは昼間、酒販店を訪問し、夕方6時過ぎに戻ってきて日報などをつけたあと、夜は高知市内の料飲店に皆で飲みに行く。酒販店を回るといっても一日に10店ほど。そのころはまだディスカウント店なども登場していなかったので、営業マンは問屋と酒販店を回って「お酒を入れている料飲店さんにラガーと樽詰を売ってください」ということと、本社から来たそのときどきの施策、新製品を置いてください、などということをお願いするだけ。

売り上げが悪くなると、本社は管理を強化しようとします。当時は、ひと月に20を超える施策と指示が届いていました。「売れ！」と号令をかけるだけでは何も進まないので、景品付きのキャンペーンなど具体的な施策が次から次へと下りてくるのです。これはどこの会社にもありがちな流れでしょう。

こうした施策は得てして総花的なものになります。キリンが扱っているのはビールだけでなく、ウイスキー、ワイン、多くのブランドにおよびます。それに対して、「このウイスキーを今1ケースとってくれれば、こういう景品が付きますよ」というようなキャンペーンを展開し、本社は各地区にその達成率を競わせていました。

支店の営業マンはそうした本社から四国地区本部を通して下りてきた指示をいわば酒販店に伝えに行っているというような状況でした。本社の施策を達成するためだけに動くようになると、得意先に行くたびにこちらの言うことが違ってきます。相手にしてみれば、今週はこれを売ってほしい、来週はこれを、ということになるので、キリンがほんとうに何を売りたいのかわからず、キリンという会社への興味や共感を失わせることになってしまいます。また、営業マンも本社からの指示に振り回されて、何のためにこの仕事をしているのかという目的もわからなくなり、どんどん売り上げは下がっていきました。

この当時、夜、飲みながら料飲店にキリンのお願いをする仕事であっても、仕事はさておき飲みながら話すのは仕事以外のこと。せいぜい「あの店にはきれいな娘がいるよ」と、そんな気楽な話題だったようです。

負けている組織の風土

前任の支店長、課長に限らずどのエリアのリーダーも、ミッションというのは、本社でつくった方針や目標をいかに遂行してその達成度を高めるかだと思っていました。東京からは見えないエリアの特性を見極めて、適切な手を打とう、とまでは考えていませんでした。

設定する目標数字は、いくら問屋に出荷したかという売り上げを指標化したものが多く、なおかつ前年比プラス5％くらいに設定されたもの。営業マンも「その目標に向けて努力しましょう」ぐらいの、ゆったり感覚で捉えていて、結果に対する責任感も感じられません。

次々に下りてくる施策に対しても「達成できたか、できなかったか」「なぜできなかったか」という検証ができていませんでした。そして「やることが多すぎて、それをこなすだけで大変なのです」という言い訳をします。責められると、返事だけは「はい、はい」と言いますが、自分たちとしては一生懸命やっているつもりだから、夜飲んでぐだぐだ言って、一日が終わる。で、翌日またスタートする、という繰り返し。

当時のことをあとで営業マンに聞いてみたところ、「危機感も別になかったし、言われたことはやっていたから、それ以上深く考えなかった」。アサヒビールは猛追してきていましたが、高知では1995年当時はわずかながら、キリンビールのシェアが高かったので、なんとなく「まだ勝っている」という感覚だったのです。

リーダーはリーダーで、それを黙認し、「現場は一生懸命やっているんですよ」と言い訳する。悪いのは、できもしない目標をどんどん下ろしてくる本社であり、能力の低いメンバーにも問題がある、と責任が転嫁されていたのです。

営業成績が悪い支店なので、強化のために四国の他の支店から営業応援で人がチームを組んで投入されるときがあります。それに対しても屈辱的、という感覚もありません。そのときに、応援チームはどんなことをやっているのかと聞いたら、酒販店の自動販売機を雑巾がけしています、と言う。掃除をしたからといって売り上げには直接、何もつながりません。

「なぜ、掃除をしているのか？」と聞くと、「掃除をしていたら酒屋さんが喜んで、『それじゃ売ってやるか』と一部の小売店で売り上げが伸びた例があったんです」と言うのです。これは、手段と目的の完全なはき違えもいいところです。よく考えれば売り上げにつながる営業活動になっていない、意味のないことに労力を使っているのはわかるはずですが、他の手段も思いつかないから言われた通りにやるしかないという、負けている組織の精神風土でした。

何を指示すればいいかわからない

そういうわたしも、実はどんな戦略を立てて、どんな指示を出したらいいのか、わからないでいました。本社営業本部で量販担当をしていましたから、量販チェーンでの売り上げを上げるにはどうしたらいいのかはわかっているつもりでしたし、バイヤーを説得し、商品を多く扱ってもらうのには自信がありました。

しかし、ひとつの県全体の数字を上げるという地方の営業を経験したことはありません。どうしたら売り上げが上がるのか皆目わからない。売り上げをつくる公式でもあるなら誰も苦労しませんが、そんなものはない。

ひとつの市場に問屋も酒販店も料飲店もという違う業態が存在しています。そこに限られた資源を使って、全体の売り上げを上げるにはどうしたらいいのか。それについて経験値もなければ考えてみたこともありませんでした。

一国一城の主として自分のやりたいようにできる！　と思って高知に来たのに、それどころではありません。

そして、毎月数字は下がっていっている。

営業マンたちは負けチームの風土に染まっている。

何からどう手をつけてよいかわかりませんでした。

上司である四国地区本部長や本社の営業部長に尋ねてもわからない。

わたしは今までになく、悩んでいました。

高知は市内を出て数分ほど車を運転すると、いきなり田畑が広がる風景になります。

東京から遠くに来たという実感が押し寄せてきます。

宿毛《すくも》という、むかしプロ野球の近鉄バファローズが春季キャンプを張った場所に問屋があったので挨拶に行きました。なにせ遠くて高知市内から当時は5時間ほどもかかりました。

その途中、運転しながら、広い太平洋が急に目の前に広がる場所がありました。そのときに、突然「とにかくあわてず全力でやるしかない」という気持ちが湧いてきました。

とっかかりがないなかで、これだけは絶対にやってはいけないということはわかっているつもりでした。

ひとつは、自分が考えて確信をもてることしか部下に言ってはいけない、ということ。メンバーと話してみると、それまでのリーダーは本社・四国地区本部から言われたことをそのまま下ろしていたようでした。それを、営業マンがやってみると大部分うまくいかない。そうして、営業マンはリーダーの言うことを徐々に信用しなくなったのではないだろうか。さらに悪いことに、リーダーに反発するのではなく、聞き流すようになっていました。だから自分が自信をもてるまではこうしたい、ああしろ、と指示してはいけないと思いました。

やってはいけないことのもうひとつは、総花的な営業です。多くの施策を適当にこなしていては勝てるはずもない。「戦力の逐次投入」は必ず失敗する。敵の立場でいちばん嫌なのは、相手が繰り返し同じポイントをしつこく突いてくることでしょう。

そのうち思いもよらぬことが起き、逆転のきっかけになる可能性があるからです。

そこで、まずやらなくてはならないのは、なぜ高知でこんなに負け続けているか、その理由を探ることです。

「現場の検証」が必要です。

負けから勝ちに転じさせるには、なぜ負けているか、その原因を見つけ、それに応じた施策を絞る必要があると思いました。

日々聞き回る

まずは11人のメンバーに「なんで負け続けているのか」とヒアリングを行いました。しかし、予想できたことではありますが、何の答えも見出すことができませんでした。

わからないときには聞くしかないということで、あらゆる場所で聞きました。営業ではなく、飲みに行っても、「なんでキリンビールは売れなくなっちゃったと思いますか」とか「今何を飲んでますか」と、お店の人だけでなく、お客さんにも聞くのです。お客さんはけげんな顔をしますが、名刺を出してお伺いする。それでもわからない。

それから問屋に行っても必ず聞くけれども、わからない。酒販店に聞くと、キリンが売れなくなったというのは、お客様の注文が減ってるからねとか、もう時代遅れだからじゃないかとか、ラガーは苦いからじゃないかとか、まあいろんなことを言われるのですが、やはりピンとこないのです。

もう、これはわかるまで、県民に聞き回るしかない、ということを覚悟しました。

高知は宴会が多くて、赴任した瞬間からありとあらゆる宴会に引っ張り出されました。数えてみると年間270回以上も宴会に出ていました。宴会には高知の流儀があり、立ち会って、まずはいろんな人と乾杯する。自分が飲んで相手に杯を渡して、相手に注いで、それが延々と続く『返杯』という風習です。とんでもない量を飲みながら、そこでも聞いていました。

「ビールはどんな銘柄を飲んでいるのか」「なぜその銘柄を選んでいるのか」。

宴席で、調査の手法のひとつであるグループインタビューを毎日やっていたようなものです。おかげで糖尿病、高血圧、痛風になりましたが、高知の人が何をどう好むのか、何がきっかけでブランドスイッチが起きるのか、飲酒量に比例して（笑）わかったような気がしてきました。

■1996年　負け続けの年

心の置き場を変えてみる

高知支店長に着任して3カ月。わたしは相変わらず、ああしろ、こうしろ、ということは言えずにいたし、言ってはいけないと思っていました。何の解決にもならないことは明白でした。

高知支店は、「言われたことをこなす」ということしかやってこず、なおかつ、その結果負け続けている、という体験しかもっていませんでした。そして、その精神的もろさから、支店長がガツンと言ったら、ただシュンとしてしまうだけ、というのはあきらかでした。組織として支店長の指示に意見を差し挟むという雰囲気もないうえに、言い返すだけの成功体験も意見もないので、沈黙しかないのです。

四国全体の会議では高知がいちばん悪いと言われて、負い目もあったでしょう。しかし、自分たちの成績が悪いということは数字でわかってはいるが、高知支店と自分の関係は希薄で、自分が関与するとか責任があるという参画意識もないようでした。「キリンビール高知支店」という組織に所属して上の言うことを聞いていればいいという感覚です。

そこに、本社から、いいトレーナーがいるので研修を行ってみてはどうか、という提案がありました。研修にそんなに期待していたわけではありませんでしたが、この際利用できることは何でも利用しようと思いました。

上意下達では何の改善も期待できないのだから、自分たちでまず自分たちの問題に気付く機会になれば、と思いました。

トレーナーには「このような問題があるからそれを解決したい」と具体的に研修の目標を伝えました。今の高知支店は全体にふわっとして中途半端。営業に限らず、どんな仕事でも、やることを絞ってちゃんとやるのが当たり前。そしてその結果、失敗したか成功したか検証されないのでは、次に生かされない。そこからしてできていないというのがまず高知支店の問題だと考えたのです。

いわば「心の置き場」を変える必要を感じていました。

うまくいっていないことも、実は自分たちの選択のせいだとわかり、現状を自分たちの力で変えられることに気付く必要があるのです。それに自分たちで気が付き、どうやって取り組んでいくのか、自分たちの考えとして合意してほしい。

それが研修に期待したことでした。あとでトレーナーの方に聞くと、そこまで研修に明確な結果を求めるリーダーは少ないということでした。

１９９６（平成８）年明けてすぐ、全員で１泊２日の研修に臨みました。

研修での約束

高知での闘いは、市場で勝つための闘いと、営業マンを変えていくというインナーでの闘いの両方でした。インナーでの闘いのほうがより難しかったといえるでしょう。といっても支店のメンバー同士が競うということではなく、全員が正しい戦略にのっとって、営業マンひとりひとりが現場を知り、現場で闘うことができるように変わっていくための闘いです。その第一ステップがこの研修になりました。

研修が始まり、メンバーには暗いムードが漂っていました。日曜日の朝に集められ嫌がっている感じもありありとし、本社研修なら本社に出張して仲間とも会えていいところもあるが、わざわざ支店でいつものメンバーと一緒では面白いことも何もない。そんなつぶやきが聞こえてきそうな雰囲気でした。

トレーナーがさまざまな話をしても、この研修の趣旨である自分から求めて方向を見出そうとする態度は最後までなかなか出てきませんでした。

最後に「高知支店の、自分たちの最大の弱点とは何なのか？」という議論を行うことになりました。そこでは、個人名も出して、ここが弱い、ここが悪いということを、トレーナーがとにかく挙げさせたのです。

わたしはイライラしながらも黙っていました。

普段は喫わないタバコをしきりに喫いながら。

かなり感情もこじれたころ、「酒販店を回って本社が言う通りのことをやってもお客さんが買ってくれないのだから負け続けるのは明白じゃないか」という意見が出てきました。どうせ数字が悪いにしても「キリンの営業はよくやっている」と言われるようにやらなかったらだめじゃないか。営業して数字に跳ね返りやすいのは、やはり料飲店ではないのか。料飲店を攻めたほうが成果があるのではないか？

そのとき支店でいちばん若い、入社3年目の営業マンが焦れたように手を挙げ、「わかっていることなら、やればいいんじゃないでしょうか。やりましょうよ！」と発言しました。

それを受けて、現場のリーダーであるF課長が、

「ほんとうにやる気のある人はわたしとマンツーマンで真剣に、やったかやらなかったかを詰めていこう。そしてやれなかったことをどうやってやれるようにするか、明日からこの結果のコミュニケーションをしっかりやろう」

と呼びかけました。

これはメンバーに呼びかけたようでいて、実は自分自身の決意表明であったと思います。

F課長はわたしの着任後すぐに、成績の悪い支店だったので許可されなかった流通への施策をやりたいと提案してきました。それは当時はよくあった流通への押し込み策でしたが、「じゃあ、まあそれはいいよ」と費用をなんとか工面しました。しかし、数字は思うように上がらず、市場の流れを変えることに全然効きませんでした。

なので、F課長のなかには、自分のやり方ではだめだったのだから、これは仕切り直して、新支店長であるわたしのもとで同じ方向を向いて頑張るしかない、それしか選択肢はない、という覚悟が固まったとあとで振り返っていました。それまでのF課長は、リーダーというよりも、支店の平和を保ちたい、問題を起こさないようにうまくマネジメントしたいという兄貴分的な存在でしたが、ここで変わったのです。

しかし、この時点で、メンバーはまだきれいごとの感想文を書き、気持ちのうえではF課長の決意についていけていませんでした。

料飲店の攻略に絞る

研修のあと、大きな施策として、わたしは「料飲店のマーケットに集中して営業をかけよう」という戦略に絞り込みました。

料飲店で飲まれているビールはビール全体の25％でしかありません。75％は家庭で飲まれているのです。

しかし、家庭で飲まれている酒は、量販店でまとめて買ったり、酒屋さんに注文して届けてもらったりしているのでここを変えるのは容易なことではありません。当時は、とくに宅配で瓶ビールを家に届けてもらうスタイルから、値引きされた缶ビールを箱で買うというスタイルに変化している時代でした。それがスーパードライの戦略ともマッチしていた。この市場にはなかなか営業力は効きにくいのです。

なぜなら、量販店はそのときに売れる商品を前面に押し出し、売り上げ・利益を最大にするというやり方です。よく足を運ぶというような人間関係や情には訴えにくいからです。

料飲店、つまり居酒屋、レストラン、焼肉屋、ビアホールなどは営業力で数字が上がりやすい市場です。店に顔を出して、「マスター！　キリンにしてください！」と頭を下げる。そんなに簡単にはいきませんが、「そこまで一生懸命やるなら、とってやるか」と営業マンの努力でブランドスイッチが起こることもあります。

本来なら大きい市場に注力するべきですが、わたしは営業力の効きやすい料飲店にターゲットを絞りました。高知の人の生活を今まで観察し、宴会に年間２７０回出て、いかに外で飲む機会が多いかということがわかっていました。また、料飲店でキリンビールを飲んで「やっぱりキリンが旨い」となったときには家庭で飲むビールのブランドスイッチもあり得ます。

となれば、ここに営業の戦力を絞る意義は、25％におさまらないはず、と考えました。

バカでもわかる単純明快

実は、今までは直接、料飲店に行くスタイルの営業をあまりやっていませんでした。料飲店に酒を配達する酒販店へのセールスが主の、間接営業だったのです。これまでの料飲店の訪問数を調べると月間30〜50軒ほど。わたしはビールが飲まれる最前線の現場である料飲店で営業活動をしなければ、このどん底から脱出することは無理だろうと思いました。

負けている原因を聞き回っているなかで「酒販店さんから、やっぱりキリンよりアサヒのセールスのほうが一生懸命回っているじゃないかという声をよく聞く」とある営業マンが発言しました。

一生懸命やっていると評価されてそのうえで数字が負けるのだったらしょうがないけれども、これはやっぱりいけない、と思いました。それでは、とにかくキリンビールのセールスはよくやっていると思わせよう。

「月に30〜50軒という訪問数では失ったキリンへの支持を回復するのは無理だろう。我々ができることは接点を増やすしかない。そのために、お得意様を何軒回るか、料飲店を何軒回るかを自分で考えF課長と相談して合意してください」

低い目標設定をしたほうがラクには決まっているが、それでは意味がない。目標とは達成できそうな範囲内にするものではありません。あくまでもビジョン実現のために設定する高い壁であり、その壁を乗り越えようとチーム全員が力を合わせて取り組むプロセスが勝利への道となるのです。

わたしは高知支店の壁に「**バカでもわかる単純明快**」と大きく書いた紙を貼っておきました。100人いたら100人がすぐにわかるような施策が必要だと考えたのです。それはこれまでの施策がわたしでもよくわからないほど複雑だったり、難易度の高いものがあったからです。単純なことを愚直に地道に徹底してやる、ということです。これが、わたしが高知支店に来てから支店のメンバー全員に伝えた最初の指示になりました。

リーダーが流す血

しかし、戦略を絞ると、本社から命じられた他の施策はどうしてもおろそかになってしまいます。実際、支店長としては現場・市場の現実から、本社からの施策の一部に対して「これは流しておけ！」などという指示も出さざるを得ませんでした。

負の連鎖を断ち切るためには、捨てるところは捨て、狙いを絞るしかないと考えて実行に移した行動でしたが、本社から命じられた指標に対しての支店の達成率が悪いことに、四国4県を統括する本部長に「なぜ、高知だけがこんなに悪いんだ」と怒られることになりました。F課長も四国地区本部とのやりとりに相当な苦労をしていました。

「ここは目を瞑ってほしいのです。今はやることを絞って営業しています。1年経てば高知の営業力が強化されて、いろんな指標が良くなってくるはずです」

そう説明しても、もちろん納得してもらえるわけではありません。高知だけを特別扱いしてしまえば、徳島や愛媛にも示しがつかない。わたしとF課長にはリーダーとして、そういう社内向けの闘いがもうひとつあったわけです。

けれども、支店のメンバー全員に、絞り込んだ目標を優先する方針を示していたので、「わたしが全責任を負うから」ということで最後は見切り発車しました。本部長の立場もわかるけれど、こちらとしては他に考えようがないし、というところでした。

リーダーはリーダーとしてリスクをとるから、そのかわりに、メンバーには全力で絞り込んだ営業をやり切ってほしいと思いました。ただ、リーダーがとるリスクについてメンバーに話すということはしませんでした。営業マンというのはいろんな情報を与えると動きが鈍くなるものだからです。

冷たい逆風

ようやく絞り込んだ施策である料飲店攻略に動き始めた1996年4月、逆風が吹きました。それもライバルメーカーの攻勢からではありません。

日本で長年にわたりトップブランドであるラガービールの味が変わり、売り上げが急落したのです。

まだスーパードライよりラガーのほうが売れてはいたのですが、スーパードライの勢いのすごさに危機感をもった本社が消費者意識調査をすると、ラガーには「苦い」「古い」といったイメージが強く、このままでは若い人たちが離れていくのではないかという結果が出ました。その弱点を補強しなければと、飲みやすさのある味覚への方向転換を決めたのです。広告も若者を意識したものに変わりました。

2月の発売から最初の2カ月こそ好調でしたが、その後、転がるように低迷していきました。これまでのラガーファンは「苦みもコクもなくなり、ラガーらしくなくなった。これなら人気のスーパードライにしようか」と言い、狙っていた若者や女性からは「ラガーが飲みやすくなったからといって今飲んでいるスーパードライを変えることもない」と判断され、狙いは外れました。当時マーケティングの教材にのったほどの失敗です。

飲みごたえのあるラガーが愛されていた高知では、他の県以上に落胆と反発が大きく現れてきました。営業マンが行く先々で、「なんでラガーの味を勝手に変えたんだ」という抗議を受けるようになり、ますます市場の厳しさが増していきました。「ラガーの葬式」と称して宴会参加者を募っている方がありました。県東部の安芸市の酒販店に一生飲む分としてひとりで100ケース、2000本！もの旧ラガーの注文が入ったという報告がありました。全国でこのような話は聞いていませんので、高知の方のラガーへの愛着、一本気な土佐人気質を知りました。

いくら料飲店を回ってキリンビールを置いてもらっても、お客様が「アサヒビールないの？」と言うのでアサヒビールに変わってしまうということが続出しました。また、苦労してスーパーなどで目立つ場所にキリンビールを置いてもらっても、高知の人たちは奥のほうからアサヒビールを出して買っていく。ラガーを飲んでいたお客様が失望したところに、アサヒビールの波がやってきて、根こそぎシェアを奪っていくのです。その流れは巨大な潮流となって、高知を覆い尽くそうとしていました。

高知はスーパードライの波がいちばん遅くやってきたといわれていましたが、この潮流以外にも状況を見回すと、キリンビールはいわば四面楚歌な状態でした。

高知県、高知市の政治経済のキーマンにアサヒビールに縁のある人が何人かおり、宴会はその人の声掛けでスーパードライになっていました。

また料飲店に強い問屋はアサヒビールの特約問屋でした。キリンビールの特約問屋はキリンビールの営業マン同様、努力しなくても売れてきた期間が長かったため、アサヒビールの問屋とは戦闘力が違うという問題もありました。

スーパードライに対抗したくても、高知には自分たち以外にキリンビールを勧めてくれる人もいない、という孤独な思いをすることも多かったのです。

家に帰るな！

本社の施策をやらずに高知支店独自の戦略に絞り込むというリスクを支店長としても

高知支店としても負ったというのに、１９９６年の３月、４月の段階で数字を洗い出すと、本来ならば達成していなければならない目標にまったく届いていませんでした。料飲店の開拓数やシェアの数字もそうですが、とくに料飲店の生ビールの伸び率が低かったのです。市場全体がスーパードライに食われつつあり、ラガーの味覚変更というアゲインストがあるのですから、シェアの数字は問いませんでした。しかし、それ以前にＦ課長に約束した訪問もやりきっていなかったのです。

わたしはこれは絶対にダメだと思いました。

全員を集めて本気で怒りました。

「あなたたちは、年頭に目標をリーダーと合意しましたね。約束したよね。営業活動をやって会社に帰ってきた時点で、目標の訪問数に達していないのに、なぜ家に帰るのか。極端なことを言うようだが、目標数を達成していないのなら家に帰ることは許さない！」

戸惑うメンバーにさらに追いうちをかけました。

「あなたたちの存在意義は何なのだ？　我々はラガーの味を変えてお客さんの信頼を一度裏切ったのだ。信頼を取り戻すのが、我々の使命なのだ。その責任を果たさないといけない。信頼を取り戻すために『やる』と決めたことができないなら、会社にとって必要がない。辞めていただいて結構だ。合意とはそういうこと、仕事とはそういうこと」当時をメンバーが振り返って、初めて「この支店長は本気だ」とわかったということでした。逆にいうと、リーダーはメンバーから信頼されないのが普通なのだとわかりました。

当時は営業マンが会社に戻ってくるのはだいたい午後6時か6時半。そこで事務処理をして家に帰るのが8時ごろでした。

しかし、それ以来、契約がとれていなかったときや訪問軒数が少ないとき、夜、会社に帰れなくなって「もう一軒行ってみよう」と料飲店を回る頻度も増えたようでした。思えば、このとき、わたしは初めて「何のために一生懸命、料飲店を回るのか。なぜ仕事をするのか」という理念的なことを口にしました。おそらく毎晩のように飲みながら高知のお客様に怒られていたからだと思います。

「結果のコミュニケーション」とは

「結果のコミュニケーション」とは、コンサルティング会社のアドバイスをもらいながら導入した手法で、メンバーが自発的な目標を定め、リーダーとの間で約束（コミットメント）したら、その合意の結果をしっかり検証する、というものです。

まず、メンバーにはそれぞれ、今までうまくいっていなかったことも、実は自分たちの選択であったことを自覚してもらい、自分で目標を立てさせるのです。これはノルマではありません。本人発のコミットメントなのです。

それからリーダーであるF課長と合意をする。

その後は「これは絶対に果たさなくてはならない。なぜなら自分で約束したんだから」とルールとして確立していく。

実際には強制のようなものなのですが、中身は自分で考えて交わした約束なのだから、形としては自発的、主体的な目標である、というところがミソでした。今までは、リーダーが決めた目標に受け身で、自分から行動しているつもりだったが実はそうでなかったこと、覚悟しているつもりだったが、覚悟に至っていなかったことに気付くことが大事でした。

毎日営業日誌をつけさせましたが、管理を細かくしたわけではありません。プロセスの指標をつくると、最終的に結果、実績が出せなくても「努力はしているからしょうがないよね。決めたプロセスは踏んでやっているものね」という言い訳になってしまい、責任感が薄れ、壁はぶち破れない。なので、どのようにやるのかは現場が自由に工夫してやるように、大事なのは約束した目標を達成することだ、と言いました。

そして、月単位でその営業結果についてのフィードバックを徹底。

メンバーとF課長が膝詰めで「結果はどうだったのか。目標が達成できていなかったとすればなぜできなかったのか」「努力が足りなかったのか」「こうすればよいのでは」という問答をお互いが納得するまで突き詰めます。

結果のクロージングにこだわる。

これが「結果のコミュニケーション」です。

メンバーのひとりは、「やったつもり、が許されない。見てないことは罪、やっていないことは悪。逃がさない、逃げられないという環境だった」と振り返って言っていました。

メンバーは逃げ場もなく、徐々に本気になってきました。

我慢してつく基礎体力

「結果のコミュニケーション」を毎月毎月、粘り強く続けていくと、ひとりひとりに徐々に基礎体力がついてきました。

「勝つための営業活動」を初めてスタートさせた営業マンは、とにかく訪問するという基礎活動に慣れていないので、最初は辛かったそうです。見も知らない店のドアをこんこんとノックしながら「お邪魔します！　キリンをお願いします！」と言っても、たいてい無視されるか、「こんな忙しいときに！」と言って追い返されるか。

もともと「キリンの営業マンは店に来ない」という意識と批判が蔓延していたのだから、なおさらでした。営業時間中に行くと迷惑がかかるので、午後3時から5時半の開店準備をしている限られた時間を狙って訪問することになります。高知市内ならばいいけれども、郊外の担当者は回る地域が広いので、効率を考えて取り組まなくてはとてもF課長と合意した数は消化できません。

入社2年目のある営業マンは、1カ月に料飲店を２００軒訪問する、と目標を宣言しました。高知県には約２０００の料飲店があり、高知支店９人の営業マンでその全部をカバーするには、実際、ひとり２００軒ぐらいの訪問数は必要だったのです。

ざっと数えて、毎日10軒。

しかしこの営業マン自身も、半信半疑だったそうです。

「やるとは合意したものの、ほんとうにできるのかどうか不安だった」

そしてもちろんすぐには成果も出ません。一度の訪問で「わかった、キリンにしてやろう」と言うような店主はいないものです。しかも顔を出さない料飲店では、知らぬ間にアサヒに切り替えられていました。

そうするとだんだん意気消沈してきて足が遠のいてしまいます。成果が出ないとつまらないし、嫌になってきます。1〜2カ月はそれでもガマンして回るのですが、3カ月後ぐらいに一気に気力が萎えてくるものです。「懸命に努力したけどだめなのだから仕方がない」というあきらめが出てくるのです。

ある若手営業マンは、回っているときにアサヒビールのベテラン営業マンに出くわして「なんかちょろちょろ回っているらしいけど、とれてないやんか」と言われて悔しい思いをしたり、いろいろあったようです。

しかし幸運なことに、裏で反抗したり、リーダーの足を引っ張ったりするというメンバーもいませんでした。ウソをつくメンバーもいませんでした。皆、疑問をもち、不安をもちながらも、サボらず体を動かし始めていたのです。

また、不思議と「やらされている感はなかった」そうです。

それは、あくまでも自発的な目標、約束だったからでしょう。

4カ月の法則

不思議なことに、結果が出ずとも、ガマンして4カ月目に入ると、皆、身体が慣れてきました。

これは全員が同じことを言っていました。

スポーツの練習と同じで、しんどさを超えると、それが普通だと思える状態になってくるのです。一軒一軒のドアをノックするのが苦ではなくなり、販促ツールを届けるというような大義名分がなくとも平気で「こんちは！　景気どうですか？」とご近所の知り合い感覚で顔を出すことができるようになってきたのです。

すると不思議なことに、いい反応が少しずつ返ってくるようになってきました。

「また来たの？　じゃあ、今度ちょっととってみようか」となってくる。

そして信頼関係ができてくるとさらに広がりが出てくる。

「店ののれん分けをするから、新しい店を紹介してやるよ」

「うちのお客さんがイベントするそうなので、キリンにするように言っておいたよ」

あるとき、こんな話をされたことがあったそうです。

「これまでは顔の見えないキリンビールを売っていた。何の情報もなかったから、キリンがいいのか悪いのかもわからなかった。でもそこに君というキリンの顔が現れた。自分たちが売っているビールの会社の人間が来て話をすると、うれしさやキリンのビールに対する信頼を感じるようになった」

そういう反応が出てくると、気力を失いかけていた営業マンがやりがいを感じるようになり、主体性と創意工夫が生まれてきます。

たとえば、スナックのような夜にしか営業しない店には、顔写真付きのメッセージを入れてくる。それだけでも徐々に「キリンの営業はよく来るね」という印象が生まれてくる。

数を回りたいので、1店あたりの滞在時間も5分程度と短くしなくてはならない。ならば、その5分で相手にキリンに関心や好感をもってもらうにはどうしたらよいのか。営業トークにも工夫が出てきます。

「上から言われて来ました」ではどうしようもない。まずは店主の心をつかむことが必要です。そこで、近所にこんな店ができましたよ、今はこれが売れ出しているみたいです、他の店でこんな取り組みをして繁盛しているようですよ、とそうした情報をもっていくのです。

あるいは新商品のサンプルを置く。

何か困っていることがあればお手伝いする。

相手の立場になって、何が喜ばれるかを考えるようになってきました。

「結果のコミュニケーション」「戦略の絞り込み」を始めて半年経ったころ、営業マンの意欲を含めてプラスの変化がいたるところに見えるようになってきました。

そして営業マン自ら、これまでキリンの社内ではよしとされてきた「量より質の営業スタイル」を「間違っている」と否定し始めます。

今まで形式的に料飲店を回っていて、ほんとうに回る意味もわからなかった営業マンが、本気で回り出してから、見えなかったものが見えるようになり、そこに結果が伴ってくると、まるで人間が変わったように生き生きし始めました。

すると、他のメンバーも尊敬の念を抱き、「すごいな、自分も負けないように頑張ろう」と思うようになります。


営業マンだけではなく、ビールサーバーの手配、料飲店からの電話対応、予算の管理など営業をサポートしている女性社員が、土日にわざわざ出勤して仕事をこなすようになってきました。労働基準法がありますのでときどき注意していましたが、「仕事が面白くてしょうがない」と彼女たちは言い始めました。

キリンをとってくれていた料飲店がアサヒに切り替えられたりすると、「何やってるの！　もう一度、やられたらやり返してきなさい！」と営業マンにハッパをかけるようにもなってきました。高知出身の彼女たちは自主的に学生時代のクラスメイトに手紙を送ったり、サンプリングしたりとプライベートの人脈も生かして営業活動を行ってくれました。

高知支店に「チームワーク」が生まれたのです。

チームワークとは何か。それは馴れ合いではなく、ひとりひとりが自立することによってお互いを認め合って生まれるものです。それぞれが相手のために役立つことは何かを考えるようになる。「結果のコミュニケーション」を通じて、それぞれが自分の約束に責任をもつようになった。だからこそチームワークが生まれてきたのだと思います。

リーダーも現場を歩け

リーダー自身も現場をよく知っていることは重要です。

どんどん変化する今の市場で、どんな戦略をとるべきかを判断するには現場を知らねばなりません。

メンバーと「結果のコミュニケーション」を行うためにも、現場を知っていてメンバーに適切な投げかけができなくてはいけません。普通、メンバーのほうが担当現場を知っていますから、メンバーから「この店はこういう理由でできないのです」と言われると会話はそこでストップしてしまいます。メンバー以上に現場を知らなければ会話が成立しないと思い、Ｆ課長はひとり黙々と現場を巡っていました。

また花見や祭りが行われた翌日の朝に必ず現場に足を運ぶようにしていました。ビールの空き缶が溢れているゴミ箱を調べるのです。どの銘柄が飲まれているか、キリンの空き缶はどれくらいあるかをチェックしました。

残念なことに、ほとんどの缶がスーパードライでした。

そこで仮説と検証です。

まずは、そのエリア担当のメンバーから話を聞きます。

花見に参加していたお客様はどの店でビールを買ってきたのか。その花見会場の近くにある酒販店や量販店、コンビニではキリンよりアサヒが目立つ陳列だったのではないか。冷えた状態ですぐに飲めるリーチインクーラーでの陳列状態はどうなのか。そこで幅を利かせていたのはアサヒではないのか。

また周囲のエリアの店に足を運んでみます。すると何がいけなかったかがわかり、お客様の視界にキリンが多く並んでいて、「なんか美味しそうだな」「これを買っていこう」と思う状況をつくりださなくては、ということが理解できるのです。

負けている現場を訪ねる

負けている原因をずっと聞き回っているうちに、不思議だなと気付いたことがありました。

それは、同じ高知県内でもキリンビールのシェアが高いエリアと低いエリアがあること。キリンビールのシェアが30％ぐらいと極端に低いところがある一方、高いところは60％を超えているところがあります。同じ高知県民で同じ広告を見ているのになんでなんだろう、と思いました。担当の営業マンに聞いてもわからない。そこで、アサヒが70％とひとり勝ちしている高知市の北にある鏡村（当時）に出かけていきました。

行ってみると、村のまん中に温泉がありました。村の人たちが農作業を終えたあとで汗を流して、そこで風呂上がりに、高知ですからビールと日本酒をたくさん飲むわけです。その温泉施設にはアサヒのスーパードライしか置いてありませんでした。

一緒に風呂に入って、キリンの営業と名乗って、村人にそれとなく聞いてみました。

「いつからアサヒに変わったんですか」

「なんとなくだなあ」

「なんとなく、っていつごろですか？　もしかして、温泉施設がスーパードライに変わってからですか？」

仮説をぶつけると「そう言えばそうだなあ。皆がさっぱりして美味しいって言うもんだから」と話してくれました。

毎日温泉に浸かって、スーパードライを飲んで帰る。そういう毎日を続けていると、舌がスーパードライの味に慣れてくる。そして、味に慣れると、家に帰っても酒屋さんに注文するのがスーパードライになってくる。その繰り返しのなかで70％のシェアを獲得するに至ったのだろうということがわかりました。

やはりアサヒビールが60％のシェアをもつ越知町にも、行ってみました。ここには温泉施設はありませんでした。それで町の料飲店をかたっぱしから回ってみると、どういうわけか、料飲店の70〜80％がアサヒビールしか置いていなかったのです。ここも毎日、店でスーパードライを飲んで帰宅するから、舌がその味に慣れて家でもスーパードライを飲むというサイクルができていることがわかりました。

もうひとつ、話を聞いて知ったことがあります。それは「アサヒビールがキリンビールを抜いたという報道を見たので、飲んでみようと思った」「スーパードライが売れているというから、飲むようになった」というコメントを聞くことが多く、いわば「波に乗って」飲んでいる人が高知にはとくに多いようでした。

とうとうアサヒビールに負ける

ビールは代表的な大衆嗜好品で、限られた場所ではなく、広く、いわば面で飲まれている酒です。老若男女、飲む場所も家や料飲店をはじめ、海、山、公園、そこら中でビールは飲まれているのです。

多くの人に話を伺って気付いたことのひとつは、ほとんどのお客様はビールの味にはそれほど差がないと思っていることでした。メーカーとしては、ある意味、ショッキングではあるけれど、大衆消費材の市場においてはありうる結果ともいえます。では、なぜ売れるビールと売れないビールに分かれるのか。

それは、情報です。

「美味しそう」

「元気がいい」

「売れている」

ではその情報の入手先はと尋ねると、少し考え、ビールを買う場所、そして、ビールを飲む場所いずれにも「目立つ場所にたくさん置いてあるのが売れていて美味しいビール」と答えます。ビールは情報で飲まれていることがわかりました。

ビールとは波のようなもので、こうしたイメージが大衆心理に押し寄せるのです。一度、波が起こるとメーカーの手を離れ、大きなうねりのようになります。そうなると手の施しようがなくなります。

つくづくビールはこわい商品だと思いました。焼酎、ワインならやりようがあるけれど、ほんとうにビールは難しい。マーケティングの教材に取り上げられる理由がわかりました。

1996年、あらゆる場所でスーパードライが目立つようになり、キリンビール、とくにラガーの存在感が薄くなっていきました。キリンはどんどんその元気さを失い、全国的にシェアは下がっていきました。

高知はスーパードライの波が全国でいちばん遅く来たといわれているエリアでした。まさにこのとき、スーパードライに市場が侵食されていくその真っ最中だったのです。

そしてとうとう、1996年9月、高知県でキリンビールとアサヒビールの比率が逆転してしまいました。長い間保った首位の座からの転落です。

すでにその方向に向かっていたとはいえ、その敗北感はわたしだけでなく、必死に料飲店を回っている営業マンの心に大きな穴を穿ちました。

しかしその一方で、なぜ雪崩のようにキリンの売り上げが落ちているのかと全員で聞き回っているうちに、なぜブランドスイッチが起こるのかというメカニズムがだんだんわかってきました。

こうして、ようやく高知での敗因分析の入り口に立つことができました。

1 スーパードライは高知県民の、スッキリ辛口好みという味覚嗜好に合った。

2 スーパードライの勢いや躍動感がある男性的なイメージも高知の消費者が好む傾向に合った。

3 生活習慣が酒販店に届けてもらう瓶ビールから量販店で買う缶ビールに移行し、ラガーからスーパードライに移行しやすくなった。

4 スーパードライが売れているからスーパードライを買う。アサヒがキリンを抜いたと報道があったから飲んでみる。周りがアサヒと言うからアサヒにした。

5 料飲店に行ってもアサヒが多いから、注文のときにアサヒと言う。

■１９９７年　健康になろう

１９９６年を通じて取り組んだ、料飲店をとにかく訪問する活動、自分で合意した目標を徹底的に検証する「結果のコミュニケーション」。

１９９７年に入り、手応えは出てきて、営業マンの活動量は、飛躍的に伸びました。また、現場での工夫が少しずつ出てきました。

それにつれて料飲店の新規獲得、量販店の店頭陳列の獲得も目標を達成しつつありました。前年までお荷物だった高知支店が、四国４県中で料飲店の開拓店数では１位になったのです。

とはいえ市場は雪崩をうってアサヒに傾いていました。料飲店の開拓数が上がっても、県トータルの売り上げは下がる一方だったのです。

いくら新規開拓を頑張ってキリンを置いてもらっても、お客様が「アサヒ、持ってきて！」と指名するケースがどんどん増えて、キリンとアサヒが同じように置いてある店でも、売り上げはアサヒに傾いていく。キリンとアサヒの自動販売機が並んでいると、1対7でアサヒが売れているということさえ、ありました。

前述したように、1996年9月に約40年ぶりに高知ではトップシェアから転落。

営業マンたちが「キリンを買ってくださるお客様を見ると土下座したくなる」とよく話していました。現に見かけて最敬礼で「キリンビールを買っていただき、ありがとうございます。わたしはキリンの社員ですが、駐車場まで運ばせてください」と言って運んだ営業マンもいました。わたし自身、お客様を見ても何も言えず、姿が消えるまでじっと頭を下げていたこともありました。

一生懸命料飲店を回っても、その端から逆転されていく。その挫折感が営業マンをじわじわと蝕み、少人数の支店にもかかわらず最初の半年間で病人が出てしまいました。

病人をなくそう

営業マンは日々、真面目に一生懸命やっているのに、数字はどんどん落ちている。

「自分たちの努力はいったい何だったんだろう」

それで病人が出てしまう。

一生懸命働いて、それで病気になったり、同僚が入院するなんてやりきれない。心配して遠くから駆け付けたご両親にかける言葉もありませんでした。

とにかく今年は皆で元気になろう、というのが高知支店3年目、1997年のプランでした。プランの表紙のタイトルは「健康になろう」でした。このころから、もう本社や四国地区本部のせいにするのはやめよう、それどころではないという、開き直りのような意識が自分も含め支店のメンバーのなかに出てきたと思います。

また合宿研修をして徹底的に議論しました。そして全員一致したのは、「このままでは、必ず今年も負ける」ということ。しかし、どうしたら勝てるのかは誰もわからない。

今は、病気になるほど苦労して負けている。これはいちばん馬鹿々々しい。楽をして左うちわで毎日遊んでいてもキリンの売り上げが上がるようにするにはどうしたらいいか、何かいい手はないのか、というのをわたしは考えていました。もともと仕事好きというわけではなく、若いころから有給休暇は全部消化していたぐらいですから。

とにかく楽をして売れる＝消費者に勝手に手にとっていただく状態にするにはどうしたらいいのか？

ほうっておいてもキリンが売れるようになるにはどうしたらいいのか？

そこだけを考えるようになったのです。

エリアコミュニケーションという手段

そのときメンバーから「高知の人向けにメッセージを出せたらなあ」という意見が出ました。それまでの全国向けの広告はあまり人気がなく、商品に人々の関心をよぶ力を感じられませんでした。

ちょうど電通の岡山支社のある社員が、「何か仕事はありませんか？」と支店を訪ねてきました。高知の出身者で、高知のことが大好きで高知で広告の仕事がしたいから、と言います。そこで、高知放送の方にも参画していただき、知恵を絞り合いました。

そのとき出たのが、「地元のラジオ、地元紙などのエリアメディアを使ってみては」という助言でした。

地元のメディアを使ったコミュニケーションが有効であるという確信も自信もありませんでしたが、わたしもやれることはそれぐらいしか残っていないかな、という思いでした。

お客様にキリンを選んでもらうには、キリンビールを飲むことに自信をもってもらうことだと思いました。その自信の裏付けになるものは「メジャー感」「元気感」「売れている感」「安心感」。

今、営業がしっかりと回り、キリンもボツボツ店頭に見えるようになってきている。料飲店や量販店からもキリンはだいぶ変わってきた、と感じてもらえている。そこにボールを投げ込み、水面に波紋を広げるにはメディアからの情報発信が有効ではないだろうか。成功すれば、キリンを選んでもらう後押しになるのではないだろうか？

自信はないが、いくら考えても他にやることが思いつかなかったというのが、正直なところでした。

しかしこの当時、ビール業界でエリア広告というのは存在していませんでした。すべての広告は東京のマーケティング部が制作・発信しています。また、エリア広告のための資金も必要です。

わたしはまず高知支店の上にあたる四国地区本部にもちかけましたが、「高知だけを特別扱いすると、他の3県から文句が出るし、そもそも予算がない」と相手にされませんでした。

本社に相談しましたが、やはり同じ理由でいったんは断られました。

そこで、わたしは「特別扱い」してもらう理屈を考え、ラガーが苦戦しているエリア強化策として予算上の支援を得ることができました。

効かない広告

さて予算をもらったはいいが、今まで経験したことのない県民向けの「直接メッセージ」をどうつくって発信したらよいのか。誰も経験がありませんでした。

当時の高知県の人口は約80万人。東京の世田谷区ぐらいの人口ですが、その人たちが世田谷区の約120倍もの面積に住んでいるのです。

使用したメディアは地元のラジオと新聞でした。高知に届くビールは岡山工場でつくっていたので、工場長を出演させたりして「岡山工場からできたての新鮮なビールを、こういう思いでつくって高知の方にお届けしています」というメッセージを送りました。

しかし、それは失敗に終わりました。

数字はぴたりと動きませんし、毎日、居酒屋などで「キリンのラジオ広告、どう思いますか」とお客さんにヒアリングしてもまったく反応はありませんでした。

岡山工場でこんなに熱心にビールをつくっています、というメッセージは高知の人にはまるで響かなかった。高知県民にとってはそんなことはどうでもいい話で、メーカーのひとり相撲の広告となってしまったのでしょう。

「高知が、いちばん。」

残りは300万円。

失敗したキャンペーンでわかったのは、高知の人に関心をもってもらうには、高知の人たちに向けてのメッセージだということが端的にわかる内容でなければならないということでした。そして、「キリンビールは高知の人を大切にしています」という意図が伝わり、喜んでもらうことを目的としようと決めました。

ある日、支店の高知出身の女性社員と昼飯を一緒に食べていたときに、「どうしたら高知の人はキリンビールを飲んでくれるのだろう」と相談しました。

すると彼女が言うには、「高知の人は自慢のうんちくを語りながら飲むのが好きなんですよ。何しろ、〝いちばん〟が大好きなんです」。

そこで高知の人たちが好きな〝いちばん〟に関係するデータがないかを調べました。

高知は酒好きの土地柄。もともとひとりあたりの飲酒量が多い県ですが、20歳以上の人口のひとりあたりのラガーの瓶ビールの消費量が1年で30本ぐらいあり、全国で1位でした。これは全国平均の1・5倍にあたります。このデータを発見したときは、使えるのではないかと思いました。

「この300万円を使ってダメなら、もうごめんなさいしよう」という気持ちで仕掛けたのが、「高知が、いちばん。」という新聞の15段広告でした。

高知のいろんな人100人がラガーの大瓶を担いでいるイメージをイラストで描きました。

そこに大きく、「高知が、いちばん。」のキャッチコピー。ひとりあたりのラガーの大瓶の消費量が全国1位であることに対しての感謝広告でした。

「去年も高知の人にいちばんラガーの瓶を飲んでいただきました」とサブコピーを添えました。

人前でしゃべるのが大の苦手のわたしが、とにかく機会があればメディアに出て、このメッセージとともに、御礼を述べました。この方法はこの後もずっと続くことになりました。

県民の気持ちを刺激する

この「高知が、いちばん。」キャンペーンは地元新聞に加え、ラジオで展開しました。高知は広い県内に公共交通機関が少ないのでクルマ社会です。また、台風がたびたび来る土地柄なので情報をラジオからとります。

高知が、いちばん。
成人1人当りのキリンラガービール(ビン)消費量は、おかげさまで高知県が全国第一位でした。
本当にありがとうございました。味にこだわる高知の皆様から味にこだわるキリンラガーをこんなにたくさん支持して頂いていることが、本当にうれしいです。
※年間29.44本(1996年1~12月)
高知 29.44本
和歌山 29.23本
広島 28.30本
兵庫 27.82本
福井 26.87本
俺はラガーにこだわるぞー
やっぱりいつものビールはラガーやろう!
LAGER BEER
KIRIN
新鮮な明日へ
KIRIN 味にこだわるラガーです。
ビールは20歳になってから。空缶はリサイクルへ。
キリンビール
大切にします。味わいのあるおつき合い。
キリンビール株式会社高知支店

農家のビニールハウスでもラジオを一日流したままにして農作業をしていました。

そこでラジオのスポット広告に力を入れ、それもメッセージは土佐弁で流しました。ポスターも「高知が、いちばん。」。大小つくって、営業に行く先々の料飲店に貼らせてもらいました。

朝は新聞から、昼間はラジオから、飲食店ではポスター。酒販店に酒を買いに行ってもポスター。これを1カ月続けると、

「高知ではキリンが売れているのか。じゃあ、またもう一度キリンを飲んでやろうか」

という気持ちを喚起することができたのです。

「ラガーは高知で日本一飲まれているらしい」という情報が数カ月で一気に市場に広がったという手応えがありました。

考えると、この「ラガー瓶消費量全国1位」というのは、本来お客様にとって何のメリットもないことです。

しかし、この「高知が、いちばん。」というコピーは、高知の人々の琴線に触れることができました。なにせ、離婚率が全国1位から2位になっても悔しがる県民性です。

高知の人は「いちばん」が大好き。

営業と広告のシナジー効果

ブランド広告というのは本社マターです。しかし、エリアにいる自分たちが自ら限界を決めるのではなく、「なんとかしたい」「勝ちたい」という主体性と工夫があれば、エリアコミュニケーション活動は否定されるものではないと思っていました。

そして地元で展開する広告は、「キリンは地元の皆様をいちばん大事にします」ということにテーマを絞り、そのことが高知の方に明確に伝わるメッセージにするべきだということは、失敗から得られた教訓でした。

しかし、このとき、もっと大切なことを発見しました。

それは地道な営業の基本活動とエリア広告のシナジー効果です。

広告は注目されても、購買に結びつかないということはままあります。とくに「高知が、いちばん。」は、商品の説明にもなっていなければ購買意欲を刺激する言葉もない。しかし、市場から反応が徐々に上がってきました。

それは営業マンの愚直で徹底した活動が基礎にあったからです。よく回り、その結果どこにでもキリンビールが置かれていて、高知の人々が「キリンをまた飲んでみるか」と思ったときにそこに商品があったからこそ、数字に結びつくことが可能になった。

またこの広告の流れている時期、営業も今までより、料飲店、量販店ともに飛び込みやすくなり、さらに回りやすくなっていきました。良い循環が生まれたのです。

広告制作作業に関しては、外を回っている営業マンの時間を使いたくなかったので、ルーティーンをもたない自分や手を挙げた女性社員の仕事としていました。そのため、経緯がわからなかった若手の営業マンたちは最初「高知がいちばん、って何?」という状態だったようです。

「高知が、いちばん。」というコピーには、ラガーを飲んでいただいている感謝、ラガーを飲んでいただく自信、ラガーが皆様に愛されているという自信をこめているんだよ、と先輩が若手に教えていました。

これがきっかけで見ず知らずのお客様と会話が始まることが増えてきました。「高知が、いちばん。」って何? と。高知の人は会話が続きだすと、急に親しさが生まれてきます。

反響が出てきてからは「高知　イズ　ナンバーワン」というTシャツやのぼりまでつくり、バカにされることもありましたが、それだけ話題にもなりました。今までは一方通行だった高知の人々とつながりができてきた、と感じられたことは、わたしにとってだけでなく、営業マン、そして内勤の女性社員にも大きな活力源になっていったのです。

ビールは情報で飲まれていると先程述べましたが、もしかしたら一県一支店でその情報をコントロールすることができるのかもしれないと、ほんのわずかなひと筋の灯りを見ることができたのです。

ラガーの味覚変更が行く手を阻む

わたしは高知での仕事がほんとうに楽しくなっていました。課長、メンバーに恵まれ、こんなチャンスはなかなかない、そして高知は人柄の良い方が多く、住みやすく、こんなに幸せなことはない、と思っていました。どんどん高知が好きになっていました。

しかし一方で、市場がスーパードライにどんどん侵食されている流れはとどまるところを知らず、高知県で１９９６年に38％に落ちたシェアは、１９９７年には37％とさらに落ち込んでいました。

その原因のひとつはあきらかに、看板商品であるラガーの商品力でした。

それまでキリンラガーを愛飲していた人たちが「オレの愛してるブランドを勝手に変えた！」と怒ったのです。調査を根拠に弱点である若者層を取り込もうとして、本来大切なお客様を失ったのです。

料飲店を回る活動のなかで、県民の皆さんにキリンビールのことを聞くと、異口同音に「キリンビールは特別なものだった。嬉しいときにも哀しいときにもそばにあった」「辛い仕事のあとに、あの苦味の利いた冷えたラガーを飲むと明日も頑張ろうと思った」と言ってくださる。

しかし、ラガー瓶消費量日本一の高知県の市場は、ラガーの味覚変更にハッキリとノーと言っていました。料飲店を回る営業マンは何かにつけ、「味を元に戻せ」「あの苦味が良かったのに」と言われ続けていました。

ブランドはメーカーのものではなく、お客様のものであることが骨の髄までしみました。

昔のラガー復活への渇望

ある日、知り合いのクリニックの院長先生から手紙が来ました。

高知支店　田村支店長殿

残暑お見舞い申し上げます。

わたしは成人してからずっとキリン党でした。過去形で語らなければならないのが哀しいのですが、あの美味しかった昔のラガーをばっさりと切り捨て。フラチな今のビール。あまりにまずくて比べものにならぬものを「LAGER」として発売する姿勢には共感できません。

今朝、地区の不燃物の分別回収の見張り当番がまわってきました。缶ビールも大箱に4個半ほど捨てられていたので、暇に飽かして銘柄を調べてみたところ、ラガーは二百数十本ある空き缶のうち13本でした。過半数がスーパードライ。ほかに目立つのは秋味、黒ラベル、一番搾りといったところ。

一昨日の医師会の会合でも「アサヒにしてほしい」というドクターが多く、スーパードライがズラリと並びました。（中略）

わたしの患者さんのスナック経営者にも「ラガーは死んだ」と話したところ「先生のおっしゃるとおり、アサヒを試しに置いてみたら3週間あまりでスーパードライが主流を占めて売り上げも2割ほど伸びました」という報告を受けた次第です。この小さな町でも「LAGER ONLY」の店はもう殆どありません。（中略）

これが最後の呼びかけです。もう二度とペンはとりません。以前の美味しいラガーを何とかして再発売に踏み切ってください。残り少なくなった「キリンファン」の殆どがそれを望んでいると思います。

この手紙をもらったときには、ラガーをこんなに愛してくれているファンがいるのにそれをメーカーの都合で裏切り続けていることを痛感せざるを得ませんでした。

「高知には昔からラガーの顧客が多いのに、無視して勝手に味を変えた」

こういう話題はお酒好きが多い高知県民の恰好の酒の肴になり、飲むシーンが多い高知で、なおさら口コミとして広がっていきました。

本社に掛け合う

毎日のように宴会に出て話していますと、以前はキリンを飲んでいてくれた人が今日からアサヒに変えているのを目前にすることも増え、ブランドスイッチの大きな波を痛感せざるを得ませんでした。

そうした波が起こると、キリンを飲んでいる人の肩身が狭くなる。

キリンを飲んでいる人も、自分もアサヒを飲んでみようか、ということになる。

目の前で日々繰り拡げられている、この悪循環を断ち切るにはどうしたらよいのか。

わたしたちは「キリンは高知の人を裏切った。だから信頼を取り戻さない限り、勝ちもない」と感じていました。

ならば、そのお客様の信頼を取り戻すこと、期待に応えることが、我々の仕事ではないのか？

それはラガーの味を復活させることではないのか？

しかし、それはそう簡単なことではありません。

商品の味、品質、全国展開している広告という領域には、一支店、一営業マンの力は及びません。わたしの権限をはるかに超えています。

１９９７年、わたしは機会を見つけては、本社に行き、進言を続けました。

本社の人間は「現場の事情はわかるが、ここで味を戻したら、キリンがぶれていると思われる」と、わたしの意見に露骨に嫌な顔をします。

実は前年の１９９６年に、全国支店長会議というものが行われ、その場でも、「ラガーの味を元に戻すべき」と意見を述べました。

すると、マーケティングの責任者は「売れないことを本社の責任にするような支店長は失格だ」と言う。

「完全にこれは本社のマターだから、本社に責任がある」と言わざるを得なくなり、喧嘩になってしまいました。それが原因かわかりませんが、以来、毎年恒例だった全国支店長会議はなくなってしまいました。

会議のあとの懇親会で、他の支店長からは「田村、よく言った」と賛同を得ましたが、結局、子供の喧嘩のような言い合いで終わってしまい、問題は解決しなかったのです。

個人的な本音として、わたしの意見に賛成の人は社内にかなりいたようでした。しかし、キリンビール本社の組織の一員として会議を重ねて結論を出してきているので、表立ってわたしの意見に賛同するというわけにはいかなかったのです。

リスクより理念

どんな理由があるにせよ、全社の重要な決定に異を唱えるのは、サラリーマンとしてはリスクのある行為です。

会社の言うことを忠実に実行していれば大過なく過ごせるでしょう。けれども、「ラガーの味を戻すこと」以外の方策は考えようのないことも現実でした。

しかし、このまま主張し続ければ、自分は会社にいづらくなり、キリンを去らなくてはならなくなるのでは、という予感がします。そうなると食べるための仕事を探さなくてはならない。

この会社は自分がリスクを背負ってまで立て直さなくてはならない価値のある会社なのかどうか。自分の内面の問題になっていきました。そのことをわたしは毎日考え、ノートにメモ書きのような形でまとめていきました。

家ではシミの模様を記憶するほどじっと壁を見ながら考え込みました。

ときには、車を運転して高知市郊外の水晶文旦農家が営むイングリッシュガーデンに赴き、きれいな庭園を見ながら考えていました。その水晶文旦農家の方は、平日の昼間にスーツを着たビジネスマンがひとりでやってきては、紅茶を飲みながら考え込んでいる姿に疑問をもち、どうしたんだろうと心配していたそうです。

また時々桂浜に行き、どこまでも広い太平洋を眺めては、自分の悩みなど小さいものだと気持ちをもちなおしていました。

そして3カ月ほど考え込んだ末、わたしは結論に達しました。

・百年の歴史と「品質本位」「お客様本位」の理念をもつこの会社は残すべき会社である。
・日本人に愛飲され、ひとりひとりの大切な記憶につながるキリンラガーは、守るべきブランドである。

・だから、最後のひとりになっても闘う。

結論が出たら、今までのモヤモヤがすっきりし、ほっとしたことを覚えています。

理念から生まれるビジョン

キリンは残すべき会社だし、愛されてきた美味しいキリンビールをひとりでも多くの高知の人に飲んで喜んでいただきたい。

この理念を実現するには市場ではどんな状態が必要なのか。

それは、どこに行ってもキリンが置いてあり、欲しいときに手にとっていただけるという状態です。なぜならそのような状態にあるビールの銘柄がいちばん売れているビールだ。それなら自分も飲もうと思っていただけるからです。

このあるべき状態、これが「ビジョン」です。高知支店ではいつしか「数値目標」というものがなくなっていました。ビジョンを実現するには、それぞれの持ち場でそれぞれが何をどうすればいいか、それを考え実行することがすべてとなったのです。

そうなると、方法はいくつも考えられます。それぞれの営業マンは、あるべき状態＝ビジョンを頭にイメージし、それを実現するにはどう工夫したらよいかと考えるように変わってきました。

たとえば高知でも田舎の地域を担当していた営業マンはある日、「あのへんにあるビニールハウスでは皆サッポロビールを飲んでいるんだよ」という話を耳にします。高知は畑作面積も大きいですし、南国なので、ビニールハウスに冷蔵庫を置いています。そして昼は家に帰らずにそこで弁当を食べ、ビールのミニ缶を1本空けて息抜きをしているのです。

そこでその営業マンは「並ぶビニールハウスのすべての冷蔵庫にキリンビールが入ったらすごいな」とイメージしました。それで長靴をはき、サンプリングの缶をもって、「こんにちは！　キリンです」とビニールハウスをかたっぱしから回ったのです。ビニールハウスで働いていた農家の方たちもびっくりしたようですが、「そういえば、高知がいちばんってラジオでやっていたね」という話が出たりして、会話になり、仲良くなって「そうやね、今度からキリンビールにするよ」と言ってくれる。実際に次からキリンにしてくださった方はその2割ぐらいでしょうが（笑）、こうしてまた高知の人と絆ができてくる。

そうするとその農家の方が、「今度親戚が定食屋を始めるんだよ」などと教えてくれ、紹介してくださる。そうすると、他社が来るよりずっと前から関わることができて、お手伝いするかわりにキリンビールを扱っていただける。

また海側を担当していた営業マンは港で漁に出ていく船を見て、あの船にはキリンビールは積まれているのだろうか、と考えました。聞けば、遠洋漁業の船は１００ケースのビールを積んで出港していくという。それがすべてキリンビールになったらすごいな、と思いました。そこで、停泊している船を回って「サンプルをお付けしますので、キリンビールにしていただけませんか」とお願いしたのです。

また街なかでビルを建築している現場を見ると、このビルが完成して入っている料飲店すべてがキリンビールだったら素晴らしいなとイメージし、建築現場にいる方に連絡先を教えていただく。

このようにして「どこにでもキリンビールがある」というビジョンに少しずつ近づいていきました。

量が質を生む

キリンには以前から「量より質の活動」という意識が強く、キリンの営業がまるで飛び込みセールスのように料飲店を回る、ということにはある種の侮蔑さえ感じられました。また、効率悪く量をこなすよりも、質を高めた的確な提案活動を、という正論もありました。

しかし、とにかく「バカでもわかる単純明快」の基本を徹底して繰り返す、すなわち、ビジョン達成のために思いつく限りビールのあるシーンはどんなところでも回る。「キリンです！　ぜひ飲んでください」とお願いする。それを続けるうちに活動の継続がどれだけ自分の力となり、お客様にも自分の気持ちをわかっていただけるのかということがはっきりしてきました。営業マン全員が同じことを感じていたようです。

四国地区本部に「すべてをやることはできないのでいくつかは大目に見てくれ」とお願いしたことは前述しましたが、メンバーたちと多くの得意先との間に信頼関係が出来上がるとともに、容易に要望を受け入れてもらえるようになったのです。何をやっても達成率が最も高くなり、営業活動全般が一気に効率化されてきました。これは想定外に嬉しいことでした。

そこに「高知が、いちばん。」のようなメッセージが発信され、「キリンビールは高知の人をいちばん大切にします」というわたしたちの気持ちが浸透していきました。どこに行っても営業マンが同じ話ができるというのは、「量の営業活動」のなかでは大きな力になりました。

直談判

高知のお客様との絆が生まれ、営業もどんどん新しい工夫、手法に挑戦しているなか、残るは肝心の「ラガーの味」問題でした。

1997年11月、佐藤社長が全国視察の一環で高知支店に巡回してきました。その際、支店のメンバーと意見交換する場が設けられました。皆が挙手して忌憚のない意見を言いましたが、女性メンバーのひとりが「ラガーの味を元に戻してください。なぜできないのですか」と、ずばっと社長に迫りました。彼女は現場から上がってくる顧客のニーズを口にしたのです。

「そういう意見は聞いている。けれども、すぐに会社の方針をぶれさせることはできないんだ」と、社長が答えました。

すると、その女性社員は納得せず、「社長は、お客様に対して卑怯です」と詰め寄りました。

あとで社長が泊まっていた高知のホテルで一対一で話したときに、怒られました。

わたしも「営業も必死で、できることはすべてやっています。もう味を戻すしか、キリン復活の手はありません」と社長に直言しましたが、それでも、やはり結局はラガーの味を元に戻すのはだめだ、ということでした。

社内で同じように考えて、応援してくれる人もいました。そういう人に電話して「社長に直談判しましたが、やっぱりうまくいきませんでした」と話したのを覚えています。

もう仕方がない、という気持ちでした。

■1998年　V字回復が始まった

ところが、思いもしなかったような事態が起こりました。

社長はその翌日東京に帰って、すぐに、たまたま新聞社の取材がありました。そのときになんと、「現場の声でこういうことがあるので、ラガーの味を元に戻す」と言ってしまい、そのコメントが新聞の記事になってしまったのです。

この問題は本来いろんな会議などコンセンサスが必要なレベルのことなので、社長があとで役員に説明するような事態になったようですが、予想もしなかった形でラガーの再リニューアルが決定しました。

そして年明けの1月8日、オフィシャルに発表されることになりました。

年初、高知新聞の取材を受けました。高知新聞は高知県での購読率は約80％を誇ります。

そこで、「高知の人の声でラガーの味を元に戻しました」というタイトルの記事が出ました。まあ、もちろん本社は認めていないのですが（笑）、高知の人々には喜びをもって迎えられました。

そこからはまた単純明快に、「高知の皆様のおかげでラガーの味が戻りました。もう一度飲んでください！」と高知の人にひとりでも多く伝えていこう。そして、どこの酒販店、量販店に行ってもいい場所にラガーがあって、うどん店だろうがラーメン店だろうが、どんな料飲店にもラガーのある状態を実現しよう。それが目指すビジョンになりました。

営業マンは高知の人に美味しくなったラガーを飲んでもらうことが生きがいとなってきました。そうすると、すべての場所にラガーがないと、せっかく買いに、飲みに来てくださったお客様に申し訳ない。

このビジョンは、机の上で最初に目標として考えたものではなく、営業の現場から自然に生まれてきたものです。

美味しさに責任をもつ

前述のビジョンが明確になると、やはりお客様にお届けするラガーがほんとうに美味しくあることが自明の理です。

そこで高知で売られているキリンビールを生産している岡山工場に出向き、もっと美味しくするにはどうしたらよいのか、さらなる美味しさはどうやったら生み出せるのかを、生産の現場とも真剣に話し合うようになりました。

営業マンだけでなく、営業現場をサポートしている女性の部隊も含め、皆が自信をもってビジョン実現に向けて邁進できるようにと、ビールの品質セミナーをたびたび行いました。

実際、リニューアルしたラガーは、最高の原料と最高の状態の酵母によって最高のビールに仕上がっていました。大麦由来のふわっとしたコクとホップが利いた爽やかな苦み、キレが高められていた。バランスが良く、高まった品質がわたしたち営業マンに「これならお客様に満足してもらえる」「このビールをお客様に飲んでいただけるようにするのが我々の使命だ」というエネルギーを喚起してくれました。

本社との情報量のギャップを埋める

本社や四国地区本部の人たちと話す機会が増えるにつけ、同じ会社なのになぜこれだけ意見と結論が違ってしまうのだろうと不思議でした。高知の市場で今やるべきことや、今とるべき商品施策が本社と高知支店で違ってしまうのです。

そのうちわかってきたのは、もつ情報量が決定的に違うということでした。情報量が違わなければ、結論はそれほど変わらないはずだと思いました。この情報量のギャップを埋めるのは現場のマターとなります。

高知の事情を本社や四国地区本部にも丁寧に説明するようになりました。本社・四国地区本部の施策を放棄しているわけではないのです。東京からは見えないかもしれないが、高知の市場は今こうなんだ、自分たちは1年後には高知の市場をこう変えたいんだ、だからこの施策が必要なんだ、ということをマメに粘り強く説明していました。

営業マンたちが必死に現場で汗を流しているときですから、この作業はリーダーのわたしがやりました。

それならこういうものが必要だろうと本社も考えてくれるようになります。

本社は大きな組織なので、個人としてはなるほど高知の言うことが正しいかもしれないと思っても、組織の一員としては認めることができないという葛藤があります。また、会議の場で「なんで高知だけ」「うちにも同じようにしてほしい」と言う支店長が出てきたときにどう答えるかという問題もあります。そしていったん、認めてもらったら、うまくいっても失敗しても、きめ細かく正直に報告をする。

また、日本人には一生懸命やっている人を応援したい、という国民性もあります。だから丁寧に何度も説明すると、必ず応援してくれる人が増えてくるのが普通です。説明を続けていると、1998年には本社で高知支店を応援してくれる人もずいぶん増えていました。また関係性というのは相互のものですから、本社の全体の施策に良い影響を与えたのでは、と思ったこともありました。

とにかく営業マンも頑張っている、ようやくラガーの味も元に戻ったのです。

「市場にうねりを起こす」作戦

「高知が、いちばん。」のキャンペーンの経験により、メッセージ投入と営業活動が連鎖して市場にうねりを起こせることがわかっていました。そこで、メディアで積極的に「高知の声がラガーの味を変えた」と発言を続けました。

「コクと苦みを高めました」というコピーのポスターをつくって、市街の料理店から山の上の居酒屋、海辺の村のスナック、ありとあらゆる料飲店に貼らせてもらいました。

「すべては高知から始まった！」

「1998年、高知で復活した、コクと苦みのキリンラガービール」

「高知の声が変えた、ラガーの味」

そんなコミュニケーションを大々的に展開したのです。

わたしもラジオに出て、ラガーがいかに美味しくなったか、高知の皆様に飲んでいただきたいかをひんぱんに語りました。キリンビールの特約問屋もフル回転でポスターを貼り、高知限定キャンペーンの注文をとってくださいました。支店で電話を受ける社員の最初の言葉が「キリンビールでございます」から「ラガービールのキリンでございます」へと自分たちの発案で変わっていました。

それらの活動が相乗効果になって一気に情報は広がっていました。以前「スーパードライが売れているらしい」と伝播したのと同じように、今度はキリンラガーが人々の話題にのぼっていったのです。

対前年比の数字が全国平均に比べ、一気に3〜4％上がってきました。それまで手応えを感じた「高知が、いちばん。」のキャンペーンでも1％ぐらいでしたから、大きな数字の変化でした。

ついに回復に転じてきたのです。

なおかつ追い風が吹きました。ラガーのリニューアル発表から1カ月後の1998年2月、発泡酒「淡麗〈生〉」が新発売されました。ちょうどラガーで市場の関心がキリンに向いてきたところに、淡麗〈生〉のヒットが続いたので、「キリンが元気」という空気が生まれることにつながりました。

鍛えられた現場が力を発揮

営業マンはお酒を飲める高知の人全員に「美味しくなったラガーをもう一度飲んでください」を伝えるんだ、という意気込みでした。料飲店は端から端までしらみつぶしにドアを開けていきます。

「こんにちは！　キリンビールです」

「なんだ？」

「実はラガーが高知の人の声で美味しくなりました！」

そしてチラシを置いてくる。

1店3分あればできるコミュニケーションです。

そうやって、1カ月に400店以上回るようになっていました。

3年前には30〜40店舗の料飲店しか回っていなかった、同じ営業マンたちです。

このころから知り合いの人数もぐっと増えてきました。高知支店近くの目抜き通りを歩いていると、30分で10人ぐらいの人に「こんにちは」と挨拶されるようになりました。

なかでも成績のいい営業マンにトークの中身を聞いてみると、面白いことがわかりました。

本人は意識していませんでしたが、相手に相談しているのです。「キリンをもっと飲んでもらうにはどうしたらいいでしょうか」「キリンをこの地域に置いてもらうにはどうしたらよいでしょうか」など。

これはテクニックではなく、その営業マンの人柄が生んだコミュニケーションだったのだろうと思いますが、人間、一生懸命相談されると悪い気はしません。

思い付きであったとしても、いろいろと教えてくれるようになります。もちろんその内容は実際には効果が期待できないものもあるわけですが、日々お客さんと接している店主さんのアドバイスは往々にして的を射ています。

たとえば、テーブルテントと呼んでいる、料飲店でテーブルの上にぽんと置く三角柱型の紙でできた販促道具。あるお客様から「もっと小さなものにしないと、実際にテーブルに置けないよ」と意見をもらったことがあります。ポスターにしても、大きいのは場所をとりすぎて貼りにくい、文字が多すぎて伝えたいことがわからない、などの改善策だけでなく、土佐弁があったら面白い、などのアイデアをいただくことも増えてきました。

その場合は可能であれば、すぐ実行します。そして効果があれば、その店を再訪したときに御礼を兼ねてフィードバックします。

「大将のおかげで変えてみたら効果がありました」

そうすると、相手も気分は悪くない。さらなる信頼関係が生まれることになります。そういう人間関係を積み重ねていくと、「キリンは頑張っている」「キリンのセールスは使える」という情報が料飲店の間で口コミで拡がっていきました。

そして、地域のお祭りなどにも顔を出せるようになり、点ではなく面で売っていかなくてはならないビール営業としてありがたい状況がつくりだされていきました。

全社ではキリンを飲める料飲店が減っていくなかで、高知では営業マンの活動スタイルが変わり「キリンはよく来る」という評判が立つようになり、毎年取扱店が増え続けました。

そしてピークの２００６年、キリン取扱店率は全国平均が４割台のとき、高知では９割を超えました。高知のほぼすべての店でキリンビールを飲めるようになったのです。

どうしてこうなったのか？

行動スタイルを変えなかったからです。

ラガーのリニューアルなどメッセージの力と、〝地道に愚直に〟回る営業の力がシナジー効果を生んだ成果でした。

「たっすいがは、いかん！」

高知以外の四国3県では徐々にアサヒビールのトップシェアは揺るがぬものになり、キリンはその差を引き離されていました。四国の真ん中にアサヒビールの工場ができた影響には大きいものがありました。しかし、高知でだけは、営業マンからの報告にしても、街を歩いていての肌感覚としてもアサヒを追い上げてきているという実感がありました。

こうなると勢いがついてきます。

高知の地元メディアの方たちは、全国ブランドの会社が地元向けコミュニケーションに取り組んでいることを喜んで、協力してくれる態勢となっていました。メディアの人にキリンファンが増えていき、アイデアも積極的に出してくれるようになりました。

ラジオCMでは電車の音と一緒に「電車が高知県に入りましたので、ビールはラガーに変えさせていただきま〜す」。飛行機バージョンでは「ただいま、高知上空に入りました。今からビールはラガーに変えさせていただきま〜す」。

たったこれだけでしたが、「高知がいちばん」な高知の人々には反響がありました。

ラジオCM大賞受賞作です。

1996~97年の大苦戦していたときに高知の方から受けた叱責の言葉は「今度のラガーはたっすくなった」「こんなたっすいビールは飲めんぜよ」が圧倒的に多かったのです。「たっすい」とは土佐弁でさっぱりしているとか、味が薄いという意味。高知は南は太平洋、北は四国山地に遮られ、他からの影響を受けにくいため独自の文化が残り、平安時代の言葉が土佐弁として残っているといわれています。

お客様はビールの詳しい味までは関心がないが、「たっすい」=みずっぽくて飲みごたえのないビールが嫌だと言っていたのです。

ちなみに7年後になりますが、大苦戦のときに投げつけられたこの言葉を利用させてもらい、「たっすいがは、いかん!」という大小のポスターをつくって大々的なキャンペーンを行いました。

高知の人は、坂本龍馬をはじめ維新の志士たちを生み、自由民権運動発祥の地としての誇りや美意識が強く、「いい加減」とか「ウソをつく」「なよなよしている」「煮え切らない」といったことをよしとしないという気風があります。そういう独自の県民性に、ラガーという昔から頑固にビールづくりに励んできたブランドは愛される素質をもっていた。それを意識したコピーでした。

今でも街のあちこちにある「たっすいがは、いかん！」のポスターを見た高知への出張者や観光客が「あれはどういう意味だ？」とネット上で話題になっています。

高知の人たちとの一体感

そしてメンバーたちが感じていたこと。それはここまでこられたのは自分たちの力だけではない。コミュニケーションが深まるにつれて、高知の人に応援してくださる方が増えていきました。その応援パワーは凄かったのです。

「わたしはいろいろな人に勝手にキリンを勧めているのだが、何であんたがと言われる。ついてはキリンでわたしの名刺をつくってくれないだろうか」と知らない方に言われたことは一度や二度ではありませんでした。

高知支店に70歳くらいの紳士がこられました。

「自分はビールが大好きで若いときから毎日飲んでいるのだが、これまでキリンビール以外一切口にしたことがない。キリンのない飲み屋に行かない。もし宴会に出向いた店でなければ買ってきてもらう。このことを誇りに思っとる。キリンさんの社長さんから感謝状をいただけんだろうか」

すぐに社長に頼んで書いてもらいました。

ある料飲店のご主人Ｆさんは土佐弁同好会の方で、キリンの人気土佐弁ラジオＣＭの出演を続けてくれました。謝礼は一度も受け取られませんでした。

またこの方はわたしに、土佐人気質とキリンビールの在り方を自分のことのように何度も何度も熱く教えてくださいました。

今でも高知で語り草になっているキリンの高知限定キャンペーン「土佐の大鍋祭り」。誰も来ない断崖絶壁の先の綺麗な浜で、日本一大きい鍋をもってきて、目の前で舟から浜に揚げた魚を鍋にぶち込んで大宴会をするという、とんでもなく豪快なご招待プレゼントキャンペーンのアイデアを出され協力してくれた方でもありました。

ところが前日の台風で海が荒れ舟を出せないと直前にわかりました。魚がない。大鍋祭りができない。当選者の方は集まり出している。興味をもった高知の全メディアも来ている。関係者全員真っ青のなか、このＦさんが知り合いの漁師に無理を承知で何艘か出してもらい救われました。

この企画は大評判になり高知の方たちにキリンに関心をもっていただくきっかけになったのですが、大成功にもかかわらず関係者の誰ひとりとして来年もやろうと言い出さない企画でもありました。

自然発生する工夫の数々

営業マンがお客様の目線で自発的に考えるというスタイルが浸透し、さまざまな変化が現れてきました。

それまで高知支店では午後5時半になると留守番電話に切り替えられていて、生ビールのサーバーの故障など、夜の営業時間に起きる緊急事態への対応もできていませんでした。しかし、いつの間にか、最後のひとりがオフィスを出るまで、留守電にせずに対応するようになりました。

すると「夜に困ってキリンのオフィスに電話しても人が出る」という評判が立ち、キリンのサービスの良さや熱心さという情報が広がっていきました。

また自然に情報が集まり始めるという現象も起こりました。

たとえば、あるディスカウントショップに10ケース単位でスーパードライを買いに来るお客様がいる。どうも消防署員のようで、厳しいトレーニングや勤務のあとに飲んでいるらしい。そういう情報が入ると、すぐさま、消防署に出向き、熱心にお願いして、「わざわざ買いに出なくても、キリンビールならお届けします」と提案して、「じゃあ、今度からキリンにするか」となりました。一歩一歩、お客様との接点の広がりが生まれてきました。キリンを応援してくれる人が目に見えて増えていきました。

そして知り合いの数が増えていくと情報は連鎖し、加速度的に早く入るようになります。

高知市内中心部が担当の営業マンは、お得意先のホテルではほとんどの従業員の方と知り合いの状態になっていました。そうすると、シェフやバーテンダーの人が独立して店をもつときに、いのいちばんに相談してもらうことができます。そうやって他社のどこよりも早く、多くの新規店をキリンビール取扱店にできたのです。

こうしたことも、やってみるまではわからなかった成果でした。愚直な積み重ねを始めた3年前には見えていなかった景色が目前に広がり始めていました。

量販店でも反撃！

売り上げの大きなウエイトを占める量販店でも、やるべき営業の基本活動は同じでした。

店頭で、ラガーや淡麗〈生〉が売れているとわかるボリュームでの陳列が大切で、それには本社が打ち出してくる施策の実施だけでは不十分でした。

当時は酒類販売免許の規制が緩和されてスーパーマーケットやコンビニエンスストト

ア、ディスカウントショップでの酒類の販売が広がったときでした。

本来、量販店では、値段や取引量については本社商談が多かったので、料飲店のように足で回っても成果には結び付きにくかったのですが、現場の店長の裁量で陳列などを動かすことができるコーナーもありました。

そこで量販店をよく回って、きめ細かな提案をしたり、一緒に汗を流すことで店との信頼関係をつくることに力を注ぎました。

店内に陳列してあるキリンの数のシェアが40%とすると、それを60%にするというイメージです。60%あれば、高知ではキリンがいちばん人気があるというメッセージになると考えたからです。問題はその状態を実現させなくてはならないことです。

「どこに行ってもいつ行ってもキリンがたくさんある状態の実現」を目指しているのだから、ひとつの例外があってもいけない。

40%を42〜43%にしようという頑張りはどこでもやっている。しかし40%を60%にしなければ高知のお客様への責任を果たせないと、本気で闘っているチームは覚悟が違っていました。

売り上げ全体のなかでは、料飲店25%、量販店75%なので、量販店部門でうねりが起きたことで大きく数字に跳ね返ったのです。

1998年の花見シーズン。

花見で飲むビールの銘柄は人気投票のようなものです。宴の翌朝現場に行ってみると、ゴミ箱には昨年まではアサヒ8割、キリン2割だったのが、ほぼ互角の空き缶の数になっていました。

支店のメンバーもわたしも、今でもその朝のことが忘れられません。そのときのメンバーたちの自信にあふれ、誇りに満ちた顔、強い眼差しにわたしは同じチームのひとりである幸運を感じたのです。最初のころのうわべの明るさはもはやなく、心の底から出てくる喜びや楽しさを全員で共感できること。もはや体調を崩している人や病気の人はひとりもいませんでした。

軸があれば自由になれる

高知支店の対前年比が社内で一躍、1位となりました。

最下位クラスから1位へ、負け続けから勝ちに転じた、その要因はテクニックではありません。

捉え方であり、行動スタイルなのです。

行動スタイルの変革に学歴、年齢、性別は関係ありません。

では、変われる人間と変われない人間の差はどこに出てくるのか。

高知支店のメンバーたちは、大きく成長しました。

ただ、振り返ってみると変革を遂げやすいタイプと、変革に時間がかかるタイプの人がいました。変わりにくい人というのは、仕事は1から10まで上から言われてそれをこなすものだという考え方が抜けきらない人でした。

言われたことばかりやってきたので「自分で考えろ！」と言われると戸惑ってしまう。「勝て！」と言われれば、なおさらわからずに困ってしまうのです。どちらかというと社歴の短い人や女性のほうが「自分で考えてやっていいよ」という方針を前向きに捉えて行動スタイルを早期に変えていったように思います。

結局、行動スタイルを変えることができるかどうかは、簡単に言えば視点や心の置き方を変えてみられるかどうかですし、人によっては身を捨てられるかどうかということでしょう。すべてを投げ打って集中すると見えなかったものが見えてくる。当然、壁にもぶつかる。しかし、そこで死にもの狂いで壁を乗り越える。そこで今まで見えなかった景色が見える。そして自分の成長に気付く。

高知支店のメンバーは一時、「物真似集団」とあだ名されるほど、「これはいい」という方法を知るとにかく真似してみる、何でもありの高知支店といわれるほどに柔軟でした。また普通、地方の営業マンというものは、仕事で県外への出張はしないものですが、高知のメンバーは、他社メーカーと契約している全国チェーンの居酒屋が出店する情報が入ると、その本社まで出張して高知の市場を説明し、「高知だけはラガーにしてください」と無茶なお願いまでしていました。高知の人に喜んでもらうという理念、そのために営業の力でキリンがいちばん目立つ状況をつくるというビジョン、そのために基本活動を徹底し、お客様との接点を拡大するという戦略——この理念、ビジョン、戦略という縦の軸が一貫していれば、あとは何をやっても自由ということになりますから、自由度が高まり、達成感も高まり、仕事が面白くなるということになっていきました。

使命感とやりがい

高知支店にはチームワークをさらに超えて、同じ使命をもって困難にあたっている仲間ならではの一体感といったものが出来上がっていました。

その中心となったのは内勤の女性社員2名でした。

当時、まだ職域としては営業マンのサポートで、電話をとるために会議にも出ない、という状況でした。わたしは「会議に出ないで会社の状況をわからずに電話に出られるの？」と言って、ふたりの女性社員にも会議に出てもらい、高知支店の現状や施策、考え方を共有してもらいました。その結果、営業マンの大きな力となり、とうとう、社長に面と向かって意見を言うほどになり、高知支店の欠かせぬ戦力となってくれました。

それは会社にとってプラスだっただけでなく、本人たちにとっても良い変化だったそうです。

自分たちの仕事の意味がわかるようになり、営業マンにも提案ができるようになった。その結果、その提案を料飲店が喜んでくれる。それによって自分で気付いて自分で行動することが仕事の成果を生むという実感が湧いてきた。やればやるほど面白くなり、自分の仕事に誇りをもてるようになった。

こうした変化は、年月が経っても人生を生きる力となっているというのです。

営業の仕事は、数字の成功が大事です。

しかし一方で、個人にとっても、使命感とやりがいをもたらし、自分を変えることができる仕事だということを高知支店の女性社員は証明してみせました。

彼女たちはその後、他の地区本部で「女性でもここまでできる」というテーマで講演したり、女性社員たちに良い影響を与える存在となりました。

■2001年　ついにトップ奪回！

1997年に37％と落ち込んだシェアは、1998年に反転し、その後も着実に上昇を続け2001年に44％となり、ついに高知県ではトップを奪回しました。

感動と言いたいところですが、支店のメンバーは平静で、そうか良かった、という雰囲気はありましたが、お祝いをしようということもありませんでした。

もちろん嬉しいわけですが、高知のお客様に満足していただける領域には程遠いという感想を全員がもっていたからだと思います。ふたりにひとりはキリンを飲んでくれないとなあ、と営業マンがつぶやいていました。

またまたま、高知が5年ぶりにトップを奪回した2001年に、キリンビール全社は逆に、四十数年ぶりに2位に転落したのでした。

これが社会的な大ニュースとなったこともあり、メンバーも素直に喜べなかったのかもしれません。

当時の支店は、とにかくひとりひとりの力が物凄くついてきて、難しい課題でも自分やチームで何とかしてしまう、そういう集団になっていました。もし隣の席の担当者が困っていれば、すぐに誰かがフォローやアドバイスをする。元気がなさそうであれば、飲みに行こうと先輩が誘って話を聞いたりしていました。隣の担当であっても、高知の問題イコール自分の問題と捉えていたからでしょう。

彼は凄いとか、あいつがあれだけやるのだから自分も負けられないというような言葉が支店内で飛び交い、全員が他のメンバーをリスペクトしている様子が窺えました。

あるとき、高松の四国地区本部からの出張の帰りに、真っ暗なビルでキリンビール高知支店の窓だけに明かりがついているのが見えました。メンバーは全員一生懸命やっている、ひとりひとりの持ち場で汗を流している、そのメンバーの顔が浮かび、わたしもよしやるぞ、と勇気づけられました。5年前には上から下りてくる施策に振り回されるだけだった集団が、今は下りてくる施策はありがたい、それを最大限活用して担当エリアをあるべき状態にするんだと意気に燃える集団に変わっていました。

高知の井戸を掘ると世界につながる

成功している部署を「真似ろ！」と言われれば、社内から反発や嫉妬も出てきます。自分たちも一生懸命やっている、たまたま高知がいいだけで、そこから学べって何を学ぶの？　という感覚です。

一方で、本社は高知の成功をマニュアル化できないかと考え、わたしはレポートを書かされ、それは全国に配信されましたし、他の地区から若い営業マンが研修に来ました。高知支店の営業マンに同行し、テクニックを学ぼうということです。

しかし、テクニックとしては伝えることはとくにないのです。

なぜなら現場としては、当たり前のことしかやっていないからです。愚直に基本活動をしているだけで、そこに一撃必勝のテクニックがあるわけではないのです。

全国でキリンのひとり負けが続くなかで高知支店がV字回復をし、シェア逆転を成し遂げたことで、さまざまな人々が視察に来ました。

同行した社員は「こんなにも一日に何軒も効率よく回るのか」とビックリして、所属部署に帰ると「高知はすごく現場を回っています！」と報告するわけですが、とくに特別な営業提案などをやっているわけではないので「学べ」と言われても学べないのです。

高知では料飲店を必死に回って結果が出てきたわけですが、同じだけ回れば結果が出るはずだと実行に移してもうまくいかないでしょう。勘違いが多かったのは料飲店を回るのを目的と捉えてしまうということでした。大切なのは「キリンのあるべき状態をつくる」「キリンのメッセージを伝える」というビジョンを実現しようとすることなのです。

そして、どうやってそのビジョンに到達するかは、自らの決意と覚悟、どれだけ自分で考えて工夫することができるかにかかっているのです。そしてそれができれば、数字もついてくる。また、自分自身の力が伸びていく喜びも味わえるのです。

最下位クラスだった高知支店が、アサヒビールに負けてしまったキリンビールを立ち直らせる先陣を切ったこと。さらに全国全県でアサヒビールに負け続けているなかでひとり勝ち続けたこと。

奇跡的といわれました。

高知で目の前の仕事を掘り下げ続けたら、世界に通用する考え方や実行力を身に付けた集団になったこと。

これがわかったことも貴重な経験でした。

高知支店のその後

トップを奪回した2001年の秋に、わたしは四国4県を統括する本部長として、高知から香川県高松市に転出しました。

なお2001年に44％だった高知のシェアですが、わたしが去った5年後の2006年には、二代後のM支店長の下で60％近くまで達していました。そのときのキリンの全国平均シェアは40％を切っていましたし、キリン社内2位の愛知県が45％前後ですから、いわばダントツです。

当時の高知では、料飲店からはキリンがなければ商売にならない、量販店でも全国系大手チェーンが高知に出店すると、キリンのオリジナルポスターや告知を貼ってほしいとお願いに来られるような状況だったそうです。

M支店長に尋ねると、「なにひとつ特別なこと、難しいことをせず、基本だけを徹底して継続したからシェアが上がり続けた」とのことでした。「すべては高知のお客様のために」という理念をリーダーを先頭にメンバーそれぞれが心に強くもち、「愚直に地道に」というスタイルを変えずに取り組んだからだと思います。

第二章　舞台が大きくなっても勝つための基本は変わらない

6年間の高知勤務を終え、2001年秋に高知を含めた四国4県を統括する四国地区本部長になりました。そしてその後東海地区本部長、本社営業本部長、代表取締役副社長と、より大きな市場で闘っていくことになります。

そこにはそれぞれ異なる市場や規模の違いと社内のそれまでの風土がつねに立ちはだかっていましたが、高知県という独立した市場で悪戦苦闘の6年間を過ごし、そこで得られた「理念とビジョンに基づく行動スタイル」はその後の闘いのなかで広く展開され、わたしのチームをより大きな勝ちに導いてくれました。

■四国での闘い――違う市場でも基本を貫く

高知の手法とは何なのか

まず高知以外の愛媛、徳島、香川はどうであったかというと、実はどこも以前の高知と大きくは変わらない状況でした。県別売り上げ対前年比表では高知の1位を除くと、香川はなんとか20位台でしたが、愛媛、徳島は40位台。とくに愛媛は高知が最下位を抜け出したあとにワーストの座に収まってしまった県でした。

わたしは、高知で成功した手法を他の3県にも浸透させようとしました。

まず、高知で最初に成功した、料飲店をよく回るということから着手。この手法はここにでもある程度は適応するものと考えたのです。

しかし実際はそんな単純な問題ではありませんでした。四国は地図ではひとつの島ですが、4県四様の市場の違いがあり、県民性の違いがありました。

県同士も仲が良いとはいえない。

普通であれば統括本部として4県を統一的に運営するのですが、これだけ違うとそれぞれの県で最も正しい打ち手を考え実行するしかないのではないかと考えました。これも高知での経験ですが、高知県は真ん中に県庁所在地の高知市があり、そこは大都会のデータと同様の傾向が現れます。

一方、高知市以外の郡部は、語弊があるかもしれませんが、大いなる田舎。大都会と大いなる田舎の平均値をとると普通の田舎になる。普通の田舎として県全体を捉え、統一的な対策を打つと全県でミスマッチが起き、失敗することは自明でした。四国全体もそれと同じと考えざるをえませんでした。

しかし、4県それぞれとなると管理が面倒で手間がかかる。営業評価もしづらい。組織力も発揮されにくい。しかし高知の経験がありますから、個々で勝つということにトライすることにしました。

トランプのカードを一枚一枚ひっくり返していくイメージです。

ここで「高知での手法」とは何か、改めて考えてみました。

高知での手法は、テクニックではなく、考え方、そして行動スタイルでした。

1本でも多くのキリンビールをひとりでも多くのお客様に飲んでいただき、喜んでいただく。

その理念を実現するために、キリンビールがどこにでもある状態をつくりだすというビジョン。

現場は生きものだから、場所によって事情も違えば、変化もしていきます。

高知のとったやり方をそのままあてはめることは間違っているが、「ビジョン実現のために、自分の得意先でどう実現したらいいかということを自分の頭で考えて、主体的に行動する」という行動スタイルは変わらないはずだ。そこで理念、ビジョン、行動スタイルの3つは高知のものをそのまま使用し、戦略・戦術は現場で考え、現場で責任をもって実行してもらうことにしました。

わたしは本部があった高松から、それぞれの県に何度も足を運びました。今度は指示ではなく支援です。最初に支店の役割を次のように決め、まずは現場を直視して、論点を整理しました。その後はそれぞれの支店に自分たちで考えてもらいました。

【支店の役割】

会社の方針とその意味をよく理解したうえで

顧客からの支持を最大にするために、どの施策に絞り込むかを決め
効率的なやり方を議論し
現場ならではの工夫をし、実行する
その結果をチェックし、次に生かす

4県から全部異なる戦略が出てきました。

愛媛の戦略・戦術——問屋の攻略

愛媛県は四国でいちばん人口が多く、かつてはキリンの強いエリアでしたが、1998年にアサヒビールの工場が地元にできたことから、キリンの苦戦が始まりました。また面積が広く、3つの地域に分けられています。その中心は真ん中の松山。南予とよばれる南地区は、香川県より大きいにもかかわらず、あまり人が住んでいないうえに営業マンの数も少ないので、料飲店も酒販店も効率よく回れません。

愛媛が考えて打ち出した戦略のひとつが、問屋の攻略でした。1990年代に入り、酒類の市場では流通の支配力が低下し、消費者が自ら銘柄を選択するようになるという変化が生じていました。酒販店を経由して消費者へ至る問屋のプッシュ力は全国的に落ちてきていましたが、愛媛県という広い地域ではまだ問屋のパワーが強かったのです。四国はキリンかアサヒかという市場ですから、問屋にもキリン系とアサヒ系がありますす。ちょうど南予のキリン系の問屋が廃業してアサヒ系の問屋2店しかないという状況に陥っていました。アサヒ系の問屋は利幅の多いアサヒビールを当然売ろうとしますから、キリンの営業マンは訪問したことがありません。

わたしは「これは南地区はあきらめ、松山に集中するしかないか。でもそれでいいのかな」とも思っていましたが、愛媛のリーダーとメンバーの間では「とにかく問屋をなんとかしましょう」という話をしていました。

ここでひとりの南予担当者M君が、自分の考えでアサヒ系の2つの問屋に行き、なんと、「なんでもお手伝いしますから、トラックに同乗させてください」と頼み込んで、問屋の営業マンと一緒に南予を回り始めたのです。

はじめはアサヒ系の問屋も提案にびっくりしていましたが、キリンの営業マンが一日中汗を流しながら、アサヒビールや日本酒の上げ下ろしまで手伝ってくれたものだから、「キリンの社員はプライドが高いと思っていたけれど、本当に一生懸命やっていた」と信頼を得て、「これからはキリンも売ろうじゃないか。キリンと親しくなればプラスもある」。何しろ問屋の営業マンとふたり、昼の弁当を食べながら一日中トラックの運転席ですから、40〜50人いる問屋営業マン全員とすっかり仲がよくなり、その家族の方たちも知っているまでになったそうです。キリンの考えもよくわかってもらえるようになり、自分の分身が広いエリアにたくさんできたような気がするとM君は言っていました。大きく離された2位メーカーなので恐れずやれたとも言っていました。

当然数字も上がり、南予という広いエリアでキリンの対前年比率がいっとき、日本一になったこともありました。わたしもその問屋の社長に御礼のご挨拶に行きましたら「うちにキリンさんが来てくれたのは創業以来初めてで、またやたら熱心だから」と嬉しそうにおっしゃっていました。

現場を最も知る営業マンが、これまでの常識に囚われず自ら考え、進んで行動する。その行動スタイルが結果を呼び込んだ例でした。

徳島の戦略——コンビニ攻略

徳島支店が考えた戦略は、コンビニエンスストアの攻略。コンビニの店舗数はたくさんあるものの、一店あたりの売り上げは少ないため、どこのメーカーセールスも直接店舗を訪問することはやっていません。ですが、目の前にいつもお店があるので、少量でも扱っていただいているなら訪問してみようとお店に行ってみたところ、店員はアルバイトが多いので、直接訪問しても商談できないことがわかります。商品陳列の権限はオーナーにあるからです。当時、オーナーはアルバイトを確保しにくい夜の時間帯をカバーしていることが多く、夜中に出てくる店も少なくありませんでした。

そこで徳島支店は全員で、オーナーが出てくる夜の12時から明け方の4時までコンビニを回りだしました。ひとりでやると気持ちが暗くなるので、全員で一斉に一体感をもて、精神的にも高揚感がありました。

深夜の訪問を受けたオーナーも、深夜にやってくる営業は初めてですから、話を聞いてくれました。わたしは報告を受け、深夜労働は法的に問題ではないのかと話したところ、リーダーは、

「一度顔見知りになっておくと、今度新商品が出ますから、6フェイスください、とメモを残しておけば、店側がキリンの意向通りの陳列にしてくれます。真夜中の労働は続けなくてすみます」

と言っていましたが、その通りでした。

平均的なコンビニ既存店の前年比が100％だとすると、徳島では125％ぐらいの数字が出てきました。当時、徳島市には100店舗ほどのコンビニがあり、一店あたりの売り上げはそんなに多くなくても徳島県全体の売り上げを5％ぐらい押し上げること

になったのです。

また、「店の数が多いので、そこでキリンが目立つようになれば、『キリンが元気だ』『キリンが売れている』という宣伝効果がある」とリーダーは言っていました。

こうした取り組みはわたしには思いつかないものでした。

コンビニは本部主導のチェーンオペレーションの最たる業態ですが、当時徳島はコンビニの勃興期で支店の自由が利く要素があったのだと思います。

「キリンがどこにでもあるという状態」をつくりだすためにどうしたらよいかを徹底的に考え、まずやってみようと行動した結果と言えます。

四国の反転

ひとつひとつの県で勝つと先ほど述べましたが、四国全体で取り組んだこともあります。

そのひとつですが、内勤女性を営業に配置転換し、彼女たちの活躍が社内に一体感や勝つことへの意識をもたらしました。

四国は山国で周縁の海沿いに町が点在しており、広い面積の割に人口が少ないのです。そのため、営業マンの数が少ないうえに営業車の運転時間が異常に長くなり、どう工夫してもお客様との必要な接点を確保できないと思っていました。総人員を増やすのは難しかったので高松に置かれた四国地区本部で勤務する総務、企画、経理、営業サポートといった役割の女性の内勤者と話し合い、合意を得られたメンバーから、営業現場に出てもらいました。約20名中3割程度でした。

これは正直なところ、抵抗にあいましたし、自ら営業マンになりたかった女性社員はひとりもいなかったと記憶しています。地元で採用され、キリンビールに就職して四国地区本部で事務職の内勤をしている。それは彼女たちにとってひとつの誇りだったでしょうし、居心地の良い状況でもあったと思います。入社以来内勤で、かなり年齢が高くなっても同じ仕事をし続けている人もいました。そういう人にも営業が足りないから、とスーパーを回って営業をしてもらいました。暑い日や寒い日の外回りなど、これまでの労働環境から悪化し、営業が初めての経験で大きな不安を抱えながらも量販店の店頭で闘ってくれました。初めての経験に、女性社員のなかには悲壮感が漂っていました。

しかし、しばらくすると、高知支店と同様に、他の3県でも女性社員が瞳を輝かせて業績を上げ始めたのです。やはり、現場に出てみて、キリンの一員であり、自分が会社に貢献できることを実感するようになったということでした。得意先からも「こんなに真面目にやってくれるとは」と評価が高く、社内的にも「宝の山が発見された」とまでささやかれるようになったのです。

四国は社内で苦戦エリアとされてきました。アサヒが四国唯一のビール工場を島のほぼ中央に稼働させてから、アサヒは地元ビールという意識が四国全体に広がった影響は大きいものがありました。しかし、四国地区本部に高知の考え方が浸透してくるにつれ、目に見えてキリンの数字が上がってきました。２年半の在任中に四国４支店の数字は反転し、県別売り上げ対前年比表でも４県ともベスト10入りという快挙も上げるように優秀な支店群となりました。

■東海地区での闘い——現場主義の徹底

愛媛、徳島の現場の例を述べましたが、この他にも挑戦的な取り組みが四国では頻繁に起こりました。今でも当時のメンバーたちが集まるとあんなに面白いときはなかったという話になります。わたしもそうでしたので、当時はお酒が美味しくなり飲みすぎてしまう日々が続きました。お酒となるとセルフコントロールが利かないというわたしの課題は続いており、四国から名古屋に転出したときには、今度の本部長は顔色が悪いね、と言われていたそうです。

着任した東海地区本部は名古屋に置かれており、２００４年の着任当時は、愛知・三重・岐阜という３県と、静岡県をエリアとしていました。中心となる愛知県は長年キリンの金城湯池といわれてきました。昔からある良いものを大切にするという尾張、三河人の気質が高い支持率をもたらしているといわれていました。したがって愛知県のシェアはキリンが首位。他の三重、岐阜、静岡の３県が２位。４県トータルではキリンが僅かにアサヒをリードという勢力図でした。しかし前任の本部長からは「全国では2位になってしまったが、ここもあと1年ないし2年で抜かれる、悪い」と引き継ぎのときに言われ、これはついてないと思ったりしました。キリンが強いエリアでしたが、対前年比のうえでは社内でも下位であり、高いシェアを守る難しさのあるエリアでした。

部下の数はリーダー、メンバー合わせて400人近くとなり、これまで以上に組織のマネジメントへの注力が必要とされることが明らかでした。

さらには組織も細分化されています。ここではその組織の意識を統合して、約400人のメンバー全員が同じ情報とビジョン、戦略を共有できるようにすることが大事です。

高知と同じ考え方で、大きな組織においても、はたして成功できるのか？

それが試されたのが東海地区本部での3年間でした。

理論優先の組織

市場もメンバーも知らないので、着任してすぐにヒアリングを行いました。400人を超えるリーダー、メンバー全員を、面談しました。それに3カ月をかけました。

「今何をしようとしているのか」「田村に何をしてほしいか、何を期待するか」の2点を尋ねると、不満が出てくる、出てくる。それぞれの部署が不満を溜めていました。

企画は営業が悪いと言い、営業は市場の実態を知らない企画ができもしないことを指示してくると言う。量販店の実働部隊は本部の商談の連絡が遅くて準備が難しいと言うし、一方の商談チームは「ちゃんと決めているのに、現場がすぐあきらめてしまい、だらしがない」と言います。「どうせ人も金もまわされないから」と言うリーダーもいました。

言い訳が横行して、全員が評論家になり実行より机の上の理論が大事にされていました。すると、組織の目標が本社から示されるプロセスの評価指標を高めることだけになっており、そこに気をとられすぎていることがわかりました。社内で自分の評価を高めたい気持ちはわかりますが、それではいけない、勝つことを優先する。そのためにやることを絞り込み、本社向けの活動はやめる、という方針をヒアリング終了と同時に全員に通知しました。と同時に10人いる直属のリーダーと、一対一で、勝つことを優先する方針への理解を求め、では具体的にどう進めるかについて議論を開始しました。これまでと同様、顧客視点に立った戦略と現場主義です。

会議をやめて現場へ出よ

数字が悪い組織は得てして会議が多いものです。本社から「どうやって売り上げを戻すのか？」と対策を求められますし、「3月までは数字が悪いですが、4月からはこういう施策を打ちますので安心してください。皆で会議で議論をして決めました」と本社に報告するために自然と会議が増えていきます。大きな組織で、役割が細分化された東海地区本部では、四国地区本部と比べものにならないほど、多くの会議がもたれていました。実は営業マンの活動時間データを見ると、外勤時間より内勤時間が多かったのです。ひとりあたり外勤時間は前任地、四国の半分でした。

本来、数字が悪くなったら、現場の営業を強化しなければならないはずですが、社内の会議を強化してしまう。

会議が好きな風土の会社は、実行への関心は希薄になります。正しい施策をつくること自体への関心が大きいから、会議が多いのです。そして、習慣化した会議は、内向きの言い訳づくりの場であったり、何の課題解決にもならないものが多いのです。

わたしは、会議を重ねて新しい対策プランをつくろうとしている実情を見かねて、「何をやっているんだ。数字が悪いのだから現場でビールを売ること！　会議でビールは売れないのだから、明日から会議は禁止」という指示を出しました。

「どうしても必要な会議だけは事前にわたしに直接申請してください。それ以外は許さない」

朝のミーティングなどのように短い時間の連絡は別だが、いわゆる企画会議や対策会議のようなものは一切やるな、と申し渡しました。

会議の準備、報告、議事録などをなくし、本社への報告もできるだけ営業マンの手を煩わせないようにしようとしました。

現場の接点を強化して、キリンビールがどんなところにもある状態をつくるための環境整備でもありました。

「会議を廃止する」というのは、前代未聞だったのでしょう。

会議廃止の効果

消極的なものではありましたが、反発もありました。

企画部門からは「会議がなければ本社への報告ができなくなります」と泣きが入り、各部署のリーダーのなかには現場の状況を会議でメンバーからヒアリングすることになっているので会議がないと困る、という意見もありました。けれどもわたしは「本社には適当に報告しておくこと」と言っただけでした。

また会議の廃止は思わぬ良い効果を生み出していきました。

水と油の関係だった営業部門と企画部門の関係が良くなったのです。企画部門の担当者は会議がないので、報告の材料がない。しかたなく現場の人間に直接話を聞きにいくようになり、自然、企画部門の目も現場に向くようになり、現場に関心をもつようになりました。そうなった企画部門の担当者に営業マンは正直に現状を伝え、うまくいくための提案もするようになっていきました。

3年間の名古屋勤務が終わるとき、わたしは「田村の良かったところ、悪かったところを正直に教えてほしい。悪いところを言っても報復人事しないから」とリーダーやメンバーにお願いしました。皆サラリーマンですからさすがに悪いことは言いませんでしたが、良かったところの圧倒的1位がこの会議廃止でした。わたしとしては勝てる戦略をつくったことと言われると思っていましたが、そこは皆無でした。考え方や方針ではなく、わかりやすく今日の仕事に直結する具体的なものに人は影響を受けるのだと思いました。

会議廃止で「田村さんは本社でなく現場を見ており、本気だ」と初めてわかったということです。それだけリーダーの言葉というのは信用されていないということでもありました。

エネルギーを社内から社外へ

会議廃止で目に見えるいちばんの効果は、内勤の人数を減らすことに直結したことです。資料作成や事前打ち合わせなど会議の準備と報告書が必要なくなったため、内勤業務が削減され、内勤者を現場の営業にまわすことができました。勝つことを優先する組織になったのですから、営業部門にとってはありがたい支援でした。

そもそも調べてみると外勤の営業マンの正味の外勤労働時間比率は30％程度。おまけに社員の4割は内勤者でした。これでは東海地区営業本部というより東海地区内勤本部といわれてしまいそうです。

「我々のもつエネルギーを社内から社外へ」

「自分の立場を守るためのエネルギーを顧客を増やすエネルギーへ」

そのメッセージを繰り返し伝えました。

内勤の女性に外勤の営業に変わってもらい、主にスーパー・量販店を担当してもらいました。汗をかきながらビールを店頭に積むという力仕事もありますが、しかし、ここでも四国地区本部同様、彼女らは生き生きとそれらの仕事にあたっていました。女性の考え方、行動の転換の早さには驚くべきものがあります。内勤はなかなか仕事の成果が目に見えにくいですが、営業に出ることによってキリンの商品を売っている実感がつかめたことは、各個人にとってもやりがいにつながっていき、ひいては東海地区本部の一体感の高まりに貢献しました。

また、内勤も10人いれば10人のその仕事があるわけで、5人でやれとなると、どうしても工夫せざるを得ない。本社への報告をできるだけ簡素にしたり、現場からの報告書を書きなおして整理したりせずにそのまま添付して提出するなど、なんとか消化できるように工夫をこらすようになっていきました。

効率化されただけでなく、前述の企画の担当者をはじめ、内勤者が現場からの報告を待つのでなく直接聞きにいって報告書や企画書をつくることで、あらたなコミュニケーションが生まれました。ぎくしゃくした関係だった内勤と営業が融合されてきたのは大きな成果でした。

内勤の仕事の効率化は、この後、他の地区本部に広がっていくことになりました。

上司を見るな、ビジョンを見ろ

わたしはこの言葉をよく使いました。

わたしは四国地区本部長から本社の営業本部長になるまでの5年半、毎週月曜日に一日も休まずに全メンバーにメールを送っていました。その目的は、わたしが高知で育んだ理念、「この会社が存続する意味は何か、なぜこの会社で働くのか、今の仕事にどういう意味があるのか、そのために何をすべきか。一方現状はこうだ。だから今週今月この仕事をやらなければならない」というように、理念から今週の仕事に至る軸を明確にして、それを理解してほしかったからです。

高知支店を離れてからメンバーの仕事に対する考え方に違和感をもっていました。「なぜ仕事をしているのか」という理念を共有できていないと感じていたからです。

実際、わたしが名古屋に来たときには、リーダーもメンバーも「田村さんが何を言っているのかさっぱりわからなかった」そうです。「自分で考えろ」と言われても今まであまり考えたことがなかったので頭を抱えていましたし、「本社の言うことでも間違っていると思うことは聞くな」と言われて途方に暮れるリーダーもいました。

リーダーと勝つことについて話し合った際にも、あるリーダーから「勝てと言われても困ります。売り上げは広告や商品の影響が強いですし、自分としては施策の実施など言われたことをするしかないのです」と反論されてしまいました。

自分としては当たり前のことを言ったつもりでしたが、相手の立場に立つとそう思うのも仕方ない。

わたしの考えでは、仕事とは、すなわち理念に裏打ちされたビジョンを達成するものです。「上から命令された施策や企画を忠実にこなすこと」のみが仕事だとする考え方は間違っています。疑問をもたず、ただこなすだけの仕事は面白くない。自分のやり方で創意工夫をすれば、その経験が自分の営業力として蓄積される。また、細部にわたる上からの強制は、とかく営業マンに必要な「お客様の視点」が見えなくなってしまうものなのです。

そして役職者もメンバーも、共有されたビジョンの前では誰でも平等。上司の（わたしを含めて）顔色を窺う暇があるのなら、自分のビジョンに集中しろという意味も込めました。

勝つこととは「美味しいキリンビールを飲んでいただくお客様を増やすということ」。そのことが我々の理念と定義し、その実現のために、

「営業マンに必要なことは不屈の精神と主体性の確立」

「決してあきらめない」

「現場力こそが最大の競争力の源泉」

「勝敗の決め手は前進する力」

「自己満足的で保身的な仕事をやめ、顧客の信頼を高めることを第一に」等を行動規範としました。

なぜビールを売るのか、なぜ仕事をするのかという「理念」こそが、お客様の視点に立って主体的に考えて営業活動をするという「ビジョン」を達成する原動力となり、メンバーの能力の向上につながります。

理念を確立し、チーム全体がその理念を共有することで、ビジョンが達成されるのです。

そのバックボーンとしてマンデーメールは大いに役立ってくれました。

実際、マンデーメールを保存して自分なりに一覧して読み直していた営業マンや、このマンデーメールをもとにメンバーと話し込みをしていたリーダーもいたそうです。

料飲店は全部とれ！　しかし、金は使うな

最初の全員面談のときになぜキリンが負けているのかと聞くと、皆が他の部門のせいと言います。料飲店を担当している人たち全員からの答えにあったのは「予算がないから」です。

それなら「予算があれば勝てるのか」と聞くと顔の表情を消してうなずきます。

でも地区本部の予算は決められていて予備費もあまりありません。

地区本部全体としては売り上げの7割以上を占める量販店部門、ここが利益面でも最重要です。

当然量販店担当者は頑張り、皆深夜まで飲みにも行かず会社に残っています。

これまでの経験で、これだけ長時間労働が続くのは無駄な部分があるのではないか、時間だけでなくお金の無駄もあるだろう。ということで予算も人も減らせないかと量販店担当のリーダーに相談しました。売り上げ、利益の牽引部門ですから、本社はここに人と金を重点投入する方針です。それと真逆のことを言われ、今でも人が足りないのにとリーダーは啞然としてました。

ですが、具体的に効率化や合理化について話を詰めていくと、最後には費用を削減してもこれならいけるかもしれない、不安は残るけどやってみてダメなら元に戻そうということで、量販店部門の予算、人を削減し、それを料飲店部門へ投入することにしました。

その後量販店部門がどうなったかというと、仕事の進め方の全面的な見直しにより工夫や協力が随所に発生し効率化され、組織力が強化され、残業時間が減っただけでなく何とこれまで以上に実績が上がりだしたのです。余計な仕事が省かれることにより、本丸への集中度が高まったからともいえます。社内では量販店部門の実働部隊と商談チームの確執も消え、打ち合わせの内容が実践的、前向きなものに変わっていきました。量販店部門全体の質が向上したのです。

料飲店部門リーダーを集めました。「予算を増やした。約束通り勝てるね」と退路を断ちました。会議室はしんとして声がありませんでした。

料飲店部門は営業力が利く市場なのでビール各社の熾烈な闘いになり、本気になるとお金もたくさんかかってしまいます。

多少予算を増やしても限界があります。

そこで料飲店部門に指示を出しました。「新規オープンの店も既存の店も全部キリンにしろ！　ただし金は使うな」

今、当時のメンバーと飲むと笑い話ばかりになりますが、これもそのひとつです。

リーダーのひとりは「明快な指示だけど、そんな無茶なと思った。けど、顔を見るたびに言われると全員がだんだんそういう気になってきた。３年間で田村さんに１０００回はその言葉を言われた」と言い、皆大笑いでした。

また金を使わないでどうやって全部をキリンにするのかと田村さんに聞いたら、間髪いれず「名古屋も得意先も知らない俺にそんなことがわかるはずがないだろう、自分で考えるんだ」と言われたと爆笑しました。

これもその後の結果だけ述べると、効果的なお金の使い方、訪問の仕方、組織間の協力強化などの知恵が現場から次々に湧いてくるようになりました。営業マンが店の経営を見極める、いわゆる「目利き」が増え、お店からの信頼感も出てきました。情報も増え、それを本部内ですぐ共有する仕組みがつくられるなどして市場をリードするチームに強化されていきました。

興味深いことがありました。それまでは料飲店をビールの売り上げに応じ、A・B・Cにランク付けし、Aランクの店に人と金を集中し、Cランクの店は捨てるという、資源の配分を行っていました。ここでいうAランクの店とは居酒屋のような業態ですし、フレンチの良い店でもビールは少ないのでCランク、うどん店、ラーメン店などもCランクです。

それが新しく「料飲店は全部とれ」という方針になったため、ビールがあまり売れないCランクの店にも本気で営業に行き始めました。

そうすると不思議なことが起こったのです。

今までとったり、とられたり、他社との激戦だったAランクの店までもとれるようになったのです。営業マンが「Cランクの店まで回っているのに、Aランクの店をとらないでどうする」という切迫感をもったこともあるでしょうし、多くの料飲店を回ることで市場への理解が深まり、営業マンの質が高まったこともあるでしょう。また、チームの熱量が増えたことも関係しているのかもしれません。

思えば、料飲店のABC分析など、メーカーの都合に過ぎず、傲慢なものでした。

こうして料飲店部門・量販店部門同時に数字が反転していきました。

愛知万博と中部国際空港

現場主義を貫き、自分の頭を使って工夫をしていると、少ないコストで最大の成果を呼び込むことが可能になってきます。

その最大の例が、愛知万博と中部国際空港での成功でしょう。

ビールは面で売れるのですから、多くの人が集まるところで「ビールはキリン」という情報を発信することが大切です。そういう意味では愛知万博と中部国際空港の開港は見逃せない機会でした。

2005年の愛知万博はもちろん地域の最大のイベントであり、ここでキリンビールが露出されることは不可欠です。しかし目立つイベントなので協賛金額が高騰します。そこでキリン万博チームは金額で競争することはあきらめ、出店業者にキリンを扱ってもらう方法はないかを考えます。

万博に出店する会社は多くが名古屋以外から来ていて、当然現地で従業員を採用しなくてはなりませんが、集める人脈も面接場所さえもありません。そこで名古屋駅前にあるキリンビールの会議室を面接会場として貸し、募集のノウハウもアドバイスしました。

そしてそのかわり、キリンを使ってもらえないかという交渉をしたのです。一例ですがこのような知恵をチームで生み出しながら、結局、万博会期中のキリンのシェアは3割を超えて、ライバル社を上回ることができました。

同じ年の中部国際空港セントレアの開港時は58店テナントのうち、キリンしかないという専売店が44店（シェア76%）、キリンが置いてある店は50店で86%となり大成功を収めました。挨拶回りをして驚いたのは、店舗取り扱いシェアもさることながら、「キリンビールがここにある」という情報が多く露出されていたことです。通常、空港のような公共的施設ではメーカー名やブランド名を出すことを嫌がりますが、メニューやシヨーケースに単に生ビールとか瓶ビールと書いてある店はひとつもなく、キリンのブランドが工夫を凝らしながらはっきりわかるようになっていました。

現場から出た知恵に加えて、「海外から来るお客様に、日本にこんな美味しいビールがあることを知らせよう」という熱い思いとそれを形にして伝える粘りが勝因だったと思います。また目標を数値に置かず、「多くのお客様が訪れる新空港で、名古屋でいちばん元気に売れているのは聖獣マークのキリンビールだとお客様に認識していただこう」というビジョンをもち、そのためにはより多くの飲食店で扱ってもらうのが必要不可欠な手段と考え、実行したからだろうと思います。

飲んでくださるお客様だけでなく、空港、航空会社、飲食店舗すべてがお客様であり、何が必要とされるか、相手のニーズを想定して取り組んだことが圧勝という結果を生んだと言えます。

名古屋に感謝！　名古屋に乾杯！

会議廃止を聞いた名古屋工場長のKさんから「営業の本気度がわかった。これから営業に協力する」と電話がありました。これまで協力してくれてなかったのかと逆に驚きましたが、工場と営業は別のラインですからそれぞれに動いているわけです。

ですがお客様からすれば同じキリンビールですし、東海地区の皆様に美味しいビールをもっと飲んでいただきたいという理念は同じです。

営業部門がその理念を明確にしたことにより工場との理念の共有が可能になりました。

その理念のもとに工場はもっと美味しいビールづくりに励む、営業はもっと努力しもっと買っていただく、そのうえで協力できることはどんどんやろうとなりました。

たとえば工場見学では、美味しいビールづくりの製造ラインを理解していただきたいので、そのために見学コースを見やすいものにする、ガイドの説明も改良する、営業は料飲店に見学の案内パンフを置いてもらう。

また営業は自分の売るブランドの良さをもっとお客様にきちんと伝えてほしい――と工場長自ら製法や哲学を営業全員に直接レクチャーする教室を頻繁に開き、営業も自分の商品への理解が深まり自信をつけたということもありました。

ある日その工場長から次のようなお願いがありました。

実は、2005年に行った、キリンラガーにまつわる思い出を寄せてもらい、抽選で純金の名古屋城の天守閣のミニチュアがあたるという「純金鯱プレゼント」のキャンペーンをしたことがあります。名古屋の方は名古屋城が好きですので、9万通を超える応募があり、同じ葉書に『キリンラガーにまつわるエピソード』を寄せていただきました。このエピソードを読んだ工場の従業員が「このエピソードはキリンビールの財産である。自分たちで費用を負担してもいいから本にしてもらいたい」と言っているとのこと。

たしかに寄せられたエピソードは、親子、夫婦、友情などの絆とともにそこにあったラガーの価値を感じさせる素晴らしいものでした。

小生の父は、小生が22歳の時に肝ガンで死んだ。死ぬ数日前の病室で、餃子とビールで昼食を終えて戻ってきた小生に「餃子か、いいなぁ」とつぶやいた。もう長くはないと思った小生は、こっそりラガーと餃子を買ってきて父に食べさせた。食べ物を受けつけなかった体だったのに、餃子2個とラガーを1杯うまそうに口に入れた。最後の親孝行だった。（49歳男性）

子供の頃、会社から帰ってきた父は私によく「ビール持ってきてくれ」と言った。もちろん、キリンラガービール。お酒もすすみ、酔ってくると必ず父は私に、「このラベルの麒麟の絵の中に〝キリン〟という文字が隠れてるけど、わかるか?」と聞く。私は心の中で「え〜、またぁ〜……」と思いつつも、楽しそうにビールを飲んでいる父と話をするのが好きだったので、「ん〜とねぇ〜……。あっ、ここにあるよ、お父さん！」と言って、晩酌の相手をしていた楽しい思い出があります。（42歳女性）

工場長は電車のなかで出来上がった小冊子を読み、涙してしまったと言っていました。

このキャンペーンは、お客様にも喜んでいただけたうえに、ラガーに対する愛着を思い起こしていただくことができ、そしてキリンの社内にも「こんなに愛され続けているブランドを大事にしていこう。お客様にキリンビールを飲んで喜んでいただくために一生懸命働こう」という理念が実感として広がる機会となりました。

東海のお客様に視線を合わせた活動に注力していくうちに、地元メディアにも応援団が増えていきました。わたしも少しでもＰＲになるならと、積極的にメディアに出ていました。東海ラジオでは不定期ですが「田村潤の名古屋に感謝！　名古屋に乾杯！」という番組をもち、キリンビールをはじめ、ビール周辺の話題を語っていました。

あるとき、社員が、知らない女子高生が「あれはキリンの田村だ」と話しているのを耳にしました。そのまま話を聞いていると、それは頭髪の薄いおじさんを指す言葉だったそうです（当時、すでに額の髪が後退していました）。今でも半信半疑ですが、そのぐらいメディアでの露出が増えていたということでしょう。

支社のメンバーひとりひとりが広告塔となったこともありました。「のどごし生」が発売になり好調に推移していたので、東海でも「のどごし生」が元気なことを伝えていこうということになりました。そこで、CMでタレントのぐっさん（山口智充）が着ている黄色いのどごしジャンパーを着て、皆で電車通勤するようにしたのです。恥ずかしいのは最初だけでだんだん楽しくなっていったとのこと。東京から出張に来た本社の人が電車でその様子を見かけてびっくりするということもありました。わたしも工場長といっしょに巨大なのどごし生の缶のぬいぐるみを着て街に出ました。

現場主義がもたらした勝利

愛媛の南予エリアで問屋のトラックに乗った営業マンM君が静岡支店に転勤してきました。

彼は静岡でNKK活動というものを始めました。それは、1時間で25軒、2時間で40軒、何も（N）考えないで（K）行動する（K）というすさまじい訪問活動でした。

わたしは「徹底して考えて行動せよ」と繰り返し伝えてきましたが、彼とそのチームは考えた末に「何も考えないでやる」と行動を始めました。

「考えたら動かなくなる。まず何も考えずにとにかく回ろう。そうすることでいろんなことが見えてくる。成果が生まれてくるはずだ」

各店の訪問時間は約10秒。たとえば、新商品のサンプルを置いてくる。リーフレットを置いてくる。情報を伝える。そんなシンプルなことを次々にやっていくのです。

「どうもキリンです！　新商品のサンプルです！　お願いします」

最初はそんな短い時間で「こんにちは」だけでは営業の効果がないのではと他のメンバーは疑心暗鬼だったそうですが、継続するうちに「キリンのセールスはよく回っている」と評判になりました。一方で「キリンが来たからキリンに切り替える。しばらく来ないから他のブランドに切り替えられる。そういうシンプルなこと」ということを肌身で知り、訪問するほどにかえって危機感をもつようになったそうです。

実際、静岡で行ったアンケート調査で「いちばん元気なビールメーカーは？」との質問に、「キリン」と答えた人の割合は、活動前には18％だったのが、1年間で40％になりました。

効率営業、提案営業ばかりが注目される時代に、NKK活動は一見逆行しているように見え、賛否両論があったようですし、わたしもかつて高知支店のメンバーたちが「会

社に入って初めて考えて仕事をする習慣がつき成長した。田村さんからは、

1　それがお客様にとり良いのかどうか

2　自分が会社を代表しているので社長になったつもりでやれ

のふたつしか言われなかったので自分で考えてやらざるを得なかった」と言っていたのを思い出し、「考えるな」と言って誤解を招かないかと思いながら見ていました。

基本活動を突き詰め、非凡な域にまでもっていったのがNKK活動ともいえます。結果的に静岡支店は、料飲店市場の分野でトップシェアを奪回することができました。

岐阜ではコンビニエンスストアの活動が比較的自由にできるときでもあり、リーチインクーラーのゴールデンゾーン（お客様が最も手にとりやすい段）の一段取りをするという作戦を、一面取りと勘違いした営業マンがいました。とにもかくにも一面をすべてキリンにしなくてはと必死の覚悟で臨んだところ、ほんとうに実現してしまった店があったそうです。それからは本人に自信がつき、次々に攻略できるようになったという笑い話のようなエピソードもありました。

こうしたことは、理念、ビジョン、戦略という大きな軸が理解されると、現場の自由

度が増して、営業マンの能力が全開になることを示しています。

各エリアでの徹底した現場主義、顧客視線に立った活動の積み重ねが、確実に数字に反映されるようになってきました。

２００５年には岐阜、三重でトップシェアを奪回。

２００６年には最後に残った静岡でトップを奪回。愛知もトップのままで、それも大きく差を引き離し、圧勝という結果を生み出していました。

■全国での闘い、そして勝利

全国の営業マンを変革する

２００７年３月、わたしは12年ぶりに東京の本社に戻り、営業部門と商品部門を統括する営業本部長に着任しました。東京に赴任する車中、今まで「本社の言うことを聞くな」と言ったこともあるけれど、これからは「本社の言うことは全部聞け」と言うのか、複雑な気持ちだな、とか、前日の送別会で「田村さんのしつこさに負けた」と皆に言われたけど決め手はそこだったのか、少し寂しいなとか、もうマンデーメールを毎週送らなくてすむんだ、など漠然と思いながら景色を眺めていました。

当時の状況は、「のどごし〈生〉」が一昨年の２００５年に発売されて売り上げが伸び、２００７年には陰りが出ていたものの、本社の雰囲気は悪くありませんでした。そして、すでにアサヒビールにシェアを全国レベルで逆転されてから６年が経っているため、トップシェアをとるんだという気負いもありませんでした。むしろ、シェアをとろうとするとマーケティング費用など余分に金がかかってしまうので、なるべく無駄な金は使わずにいこう、結果的にトップシェアに戻れたらいいけれども、という空気でした。

わたしもトップシェアをという前に、多くの営業マンが手放していた「勝つことの大事さ」を認識してもらうことが必要と感じていました。

まず注力したのは、今までの成功の経験をもとに、理念とビジョンに基づく行動スタイルを全社的に浸透させ、全社的に意識と行動を変えることでした。

「勝て、そのためには主体的な行動スタイルへの変革が急務」

と表明しました。

いわば、勝つことから逃げて、楽なほうに進んでいたのです。結果への約束（コミットメント）もない状態でした。今までの行動スタイルは受け身であることを指摘しましたが、営業現場ははじめそれを受け入れることができませんでしたし、方針に対する戸惑いや反発もみられました。

そこで、わたしはすべての地区本部をひとりで訪問し、全営業リーダーと対話しました。

その場で、20人ぐらいのグループで質問を考えてもらい、それに即答する形式をとったのです。時間無制限ですから、まるで格闘技をやっているようなものでした。

その結果、方針を理解するリーダーは増えたものの、頭では理解できるというレベルであったと思います。自分の部署のメンバーの行動スタイルを変革させるまでには至りませんでした。

行動スタイルや風土を変えるというのはほんとうに難しい。ぬかに釘を打つようだし、結局奥にある岩盤にはね返されるけれどこちらも退くわけにはいかない。他の方法はないと考えていました。

経営は実行力

勝つことの大事さを認識してもらうには、商品力によるのではなく営業力、すなわち自分たちの力で勝つことを経験してもらう必要があると思いました。それには現場の実行力を上げることです。競合する会社はどこでもやっていることにそれほどの差はありません。それなのに、会社間で大きな差がつくのは実行力の差です。いくら素晴らしいプランをつくっても、実行できなければ、プランはゴミのようなものです。逆に実行力が高まれば、高度な戦略・戦術を展開できるし、質の高いアイデアが出てきたりもします。これはあらゆる部門にいえることですが、まず４０００人はいる営業部門からということで、今までマンデーメールで送っていた内容を月1回の全国営業部門会議で繰り返し繰り返し伝えました。

①主体性をもつ

指示待ちスタイルの変革。自分の頭で考え、行動して、主体的に議論をする。組織や立場に囚われず、最終目標に向かうために自由に意見を述べること。組織の壁に萎縮して大事な意見を述べないことは、ひいては組織の損失になる。

②結果を出すことにこだわる

人を相手にする営業は、必ず競争、競合に勝たねばならない。

わたしは「平気で負ける人」が嫌いだ。信頼関係が崩壊して職場が暗くなる。そして負けるということはお客様の満足が低下することを意味する。

③基本を徹底する

ビジョンと戦略に基づき、愚直に基本を繰り返す行動スタイルが大切だ。継続すると、ある時点から営業力や組織力が一気に高まる。それこそが会社の基礎体力の強化をもたらし、変化に柔軟な対応を可能にする。

しかし、こうした指示を出すたびに、営業マンや中間職のリーダーから質問や反論が絶え間なく出ました。

「基本活動は苦しい。すぐに結果が出ない。会社としてピンポイントの派手な活動を評価しているのではないか」

「料飲店を回るのはいいが、発生した事案は誰が処理するのか。営業はすべてはできない」

「回りたいのはやまやまだが、会社が設定している成果指標の管理のための会議が多くて時間がない」

「活動の優先順位をつけてほしい」

わたしが愚直に徹底せよとした基本活動には、指標設定や評価はつけにくい。しかし、検証、評価されない活動ならばやりたくないという考えは、「お客様本位」という企業理念を忘れてしまっているということです。

また「優先順位をつけてほしい」というのは典型的指示待ちのスタイルで、ここにもお客様のために自分で考えてやりきるという主体性がありません。

理念を武器に

そもそもキリンビールという会社は創業以来「お客様本位」「品質本位」という企業理念を掲げてきました。それなのに社員に評論家のようなタイプが増えてきていました。とくに現場から遠い本社はそうでした。施策を連発したほうが管理する側も目先が変わり、目標を立てやすい。現場はやらされ感があるが、たとえ成果が上がらなくても、上の命令に従っているのだから責任は問われない気楽さがある。それぞれ自分を安全な場所に置いて、業績が振るわなくても悪いのは他者で、自分はやるべきことはやっているという意識です。染みついている風土は根深いものでした。

こうした風土は、キリンの戦後の歴史的背景により醸成されたともいえるでしょう。

1972年から14年間も国内でのビールシェアが6割を超え、売れすぎたために独禁法抵触を警戒してビールの販売を自粛せざるを得ないという状況が生まれたことが大きかったのです。オイルショック後もシェアは伸び続け、1976年のピークには63・8%に達しました。猛烈な営業は必要なく、逆に調和型、社内調整を重んじる社風ができてしまったのです。スーパードライの出現で状況が一変し、シェアを逆転されたにもかかわらず、会社の風土はなかなか変わることができず、目標が単なる努力目標として捉えられ、企業理念と切り離されていることは変わらなかったのです。

わたしが社内で理念理念と言っていたら、「理念で飯が食えるのか」と陰口を言われてますよ、と教えてくれる人がいました。

わからないこともありません。ですが正しくは「形骸化した理念で飯が食えるか」と言うべきですし、付け加えると「理念なしでは美味い飯は食えないし、そのうち飯そのものも食えなくなるかもしれない」です。

そのことを陰口を叩いた本人に教えてあげたくても、名前がわからず残念なことでした。

経験からいえば、理念は形骸化するのが普通と思っていたほうがよいのです。

成功したときの方法を変えなければ成功し続けると思いがちで、成功の原動力となった理念を忘れがちになるからです。決定的に大事なことは、理念に裏打ちされている前進するエネルギーを持続することなのです。

それさえできればあとは何とかなります。本来、日本人の潜在能力はとても高いのです。

わたしが営業本部長になったこのとき、キリンは創業百周年を目前にしていました。本社に来てこの風土を目の当たりにして、これだけ変化している時代、キリンが社会に存続し続けるには、創業の理念に立ち返り、顧客指向を徹底する会社に変わるしかないというこの確信がわたしのなかでは深まっていました。

手紙を自宅に送る

本社に異動して3カ月、創業百周年の7月1日を目前にした6月に、わたしは初めてのコミュニケーションをとることにしました。社員の自宅宛てに手書きの手紙を送ったのです。

営業本部の皆様へ

早くも最盛期、6月に入りましたが、あわただしい毎日を送られていることと思います。皆さんのご健闘に感謝します。

キリンブランドの価値をお客様に伝え、お客様からのご支援を最大化するために、これまでの我々の活動はあったわけですから、その結果を出すべく、今年こそ必ず、トップシェアを奪回するという強い気持ちで、最盛期に望みたいと思います。

日々、他メーカーとのお客様支持獲得競争ですが、最後は「勝ちたいという執念がどちらが上回るか」という点が、勝敗を分けることになります。「キリンビールを飲んでよかったとお客様に喜んでいただけること」という企業理念実現のために、我々の活動があるということ、そのことが我々の使命であることを改めて確認したいと思います。「キリンは信頼でき、売れていておいしい……」と感じていただける顧客との接点（あるべき状態）を飛躍的に高めること、そのために日々のベーシックな活動が重要であること、それには、リーダーシップの変革と、ムダの排除が必要なのです。一見、当たり前のようであり、でも具体的に何をしたらよいかわからないという感想をもたれるかもしれません。ですが、ここに書かれていることの背景にあるものについて、ぜひ考えていただきたいと思います。内勤の方、関係する営業部門の皆さんにとりましても、チームキリンの共通の考え方でもあります。

基本活動の定義は難しいのですが、「施策に振り回される活動ではなく（施策を活用しながら）高性能なベルトコンベアをつくり、施策の実行度を上げる」というイメージです。その実現のために更に変革すべき行動スタイルは、次のとおりです。

○「指示待ち」から「主体的に考え行動する」スタイルへ
○非生産的で「自己中心的な業務」を切り捨て、顧客視点に立つこと
○状況を切り開く勇気と覚悟をもつこと。「正解などわからない。必要なのは前進す

る力を常に創造し続けること。正解など、その後で見つかる」（サン・テグジュペリ）。

以上のことは、我々の課題である、販売を効率化しながら、お客様満足度を上げる（最小のコストで最大の顧客満足を実現）という相反することを正面から受けとめ克服するという道につながりますし、更には、ひとりひとりのやりがいと成長をもたらすものです。

多くの企業が、お客様本位や基本活動の徹底を社是、行動基準としていますが、ほとんどの企業が実現できないと言われています。容易な道ではありません。キリンは今年創業百年を迎えます。スピーディに、スリムにそしてお客様にもっと接近すべく挑戦していきましょう。

営業本部長　田村　潤

仕事から帰宅したら、家にこのような手紙が届いていてビックリした営業マンが多かったようです。しかし、とにかくこちらが本気で求めていることは伝わったようです。

メールで送っても、外勤が多ければ日常のなかで読みとばしてしまいますし、また社内で配付しても机の引き出しに入れて年末の大掃除のときに焼却されてしまう運命になってしまいます。これまでわたしもそうしていました。また家族が読んで今の闘いについて知って、そのことが営業マンひとりひとりの行動を支えるバックボーンとなったこともあったようです。

リーダーの強化

会社の風土を変えようとすると、各部署でのリーダーが果たす役割が重要となります。なので、そのリーダーたちの思考と行動スタイルをどう変えたらよいかに大きなエネルギーを注ぎました。

マネジメントの本質はリーダーが正しい判断ができて、正しい指示を出して、指示が言いっぱなしになっていないか現場を把握することにつきます。

まず、わたしは彼らにあるべきリーダー像はこういうものだと定義しました。

1　正しい決定を下せる
2　現場を熟知している
3　覚悟と責任感をもっている

この理想を実現しようとするリーダーと、ビジョン、戦略、戦術の軸を理解し、行動に移そうとしたチームには変革が起きました。目標を自分たちで立て、それを実現する基本活動に取り組み始めました。そうしたチームは半年、1年経ったころには確実に実績が上がってきました。

一方で、研修を行って、そこでは理解できても、持ち場に戻ると従来の与えられた目標を達成するのが仕事だという意識に戻ってしまい、実践に至らないリーダーというのも多かったのです。そのチームでは、その目標をどうクリアするかという方向の仕事となってしまい、変わることができませんでした。

全国というレベルでみれば、全リーダーの意識を改革することは残念ながら道半ばというところで、変われたリーダーとチームはよくて半分であったと思います。

わたしはもうひとつ、よく知っている営業マンに直接電話して、今何が起きているのかを聞いていました。

いつもひと言目は同じで「最近、どう？」。

現場をよく回り、自分で考え、工夫している営業マンは消費者の動向、本社施策の良し悪し、店頭での状況、キリンの各ブランドの話題などをすぐに答えてくれます。

大きな組織は階層が多く、施策立案部門と現場の乖離《かいり》を埋める必要がありますが、直接現場に聞くパイプをいつももつことを本社スタッフにも勧めていました。

本社施策の見直し

わたしがもうひとつ最初に取り組んだのは、本社の方針の見直しでした。顧客視点に立った戦略になっているのか、その戦略に従った施策になっているのか。自己満足的な仕事ではないのか。いわば、「棚卸し」をしたのです。

普通は期の途中で方針を見直さないのです。なにせ、前年に膨大な時間をかけてつくった年度の方針で、すでに1月1日からスタートしており、わたしが着任したときに3カ月しか経過していないわけです。それを見直ししろ、と言われてスタッフは非常に困っていました。社内でやっとオーソライズされてこれでいこうとやっている途中で、顧客視点に立っていない行動の無駄、小さいところではツール類の無駄など「こういうことは、自己満足的だからやめろ」と言われたわけです。

やりすぎの無駄というのもあります。そこまでやらなくてもいいのにやっていることも結構あるものなのです。一方組織と組織の間に空白が生じることもあります。それは市場全体を見ずに、細分化された組織のなかで目標設定しているからです。そうしたものも見直しました。

結果、本社から営業現場に行く施策は相当絞られることになりました。

それから、プロセスによるマネジメントから、理念とビジョンに基づくマネジメントへ徐々に移行する取り組みも始めました。無駄をなくすことの一環でもあります。プロセスによるマネジメントというのは、本社が決めた目標を達成するために管理するべきプロセスがたくさんあり、それをひとつずつクリアしていくと最終売上目標を達成するという仮説に基づいて行われていました。しかし、プロセスごとの正しい目標設定は難しいうえに、プロセスを管理する人間や膨大な数の報告も必要となり、何のためにそれだけの労力を払っているのかわからなくなりがちです。そのエネルギーを基本活動に振り向けて、基礎体力をつけようということにしたのです。

そしてその後は、方針は変えない、ということを決めました。毎年毎年、膨大な時間をかけて翌年度のプランをつくっていましたが、基本的にはもう変えないぞ、と。新しいことにチャレンジするというよりも、これまで蓄積した力をベースにして徹底度を飛躍的に高めてブレイクスルーするんだ、という考え方です。プランのページ数もこれまでの半分にしました。

そして、あとは現場の個の力、現場組織の実行力を高めていく。指示待ち型から主体性型にして、働く人の主体的な意思が常に戦略に反映する組織にしたいという考え方を明確にしたのです。

商品の強みを強化

高知のときの話ですが、エリア広告を考える場合、お客様が飲んでいるアサヒをキリンに変えるにはどうしたらよいかと考えるわけです。「こっちの水が甘いよ」と誘うわけですが、これがことごとく失敗する。

途中で考えを変えました。いくらキリンのほうがよいですと言っても聞いてくれないので、こうなったらそこはすっぱりあきらめ、今キリンを飲んでいる人たちだけを大切にする。その方たちにもっと喜んでいただくことだけに専念する、と考え方を変えてみました。そうすると、キリンを飲んでいる人の幸福度が相対的に高まり、水が高いところから低いところへ流れるように、自然とアサヒからキリンに変わるのではないだろうか。

これが正解でした。

定番ブランドを考える基本は「攻め」でなく「守り」。守りといってもこれまでと同じことを続けることではなく、今のお客様をひとりも逃がさないぞ、という意志による攻撃的な守りです。そのためにはそれぞれのブランドの持ち味を確認し、それをさらに発揮させるように知恵と工夫を総動員するという創造的なものです。

そこで本社で行ったのは、商品の弱点補強をするのではなく、強みの強化です。「一番搾り」はより「一番搾り」らしく、「ラガー」はより「ラガー」らしく。とにかくそれぞれのブランドがそれぞれらしく、個性を追求しました。

美味しさの個性が明快になった商品と強い営業力が掛け算になると最大の効果が発揮できます。

また広告における発信も、同じメッセージを繰り返し繰り返し伝えることにしました。ビールというのは、電化製品みたいに劇的に機能が進化したり、大安売りするわけでもなく、消費者がとびつくようなニュースはないのです。なので、効果効率を高めるためにはひとつのメッセージをしつこく伝えていく。そうするとそのメッセージがある程度蓄積されたときに、発火点に達したようにブランドスイッチにつながってくるのです。お客様が売り場に行ったときに、急に思い出すのです。3カ月、4カ月、料飲店に営業に通って、あるとき急に「キリンもとってやろうか」と言われるのと同じことです。

企業ブランド力が上がってきた

基本活動を愚直に地道に全社的にやり始めると、2年目にはまず外部からの評価が変化してきました。新聞社が毎年、スーパーのバイヤーや酒販店にアンケートをとって、どこのビールメーカーの営業がいちばん熱心ですか、というちょっと余計な調査をやっています。それまで僅差とはいえ、アサヒビールがトップで、キリンはいちばん下の4番目だったのですが、キリンがいちばん上になってきました。

また企業ブランド調査の「好きなメーカーはどこですか」という問いでは、信頼など12項目にわたって5～10％も好感度が上昇してきました。キリンビールがお客様のほうを向いてきていることを感じていただけたのでしょう。

外部からも評価を受けてくると、社内的にも「顧客満足にあまりつながらないことはやめよう」という動きが積極的に出るようになり、景品とかＰＯＰといったものも有効活用されないものはどんどんやめていきました。無駄なことを排除すると、大事なところへ集中度が高まります。

最少のコストで最大の顧客満足を目指すことが習慣化されていったのです。

活動全般が効率化されることにより、広告費と営業費が3年間で20％減ったのです。減らすことを目的にしていたわけではないのに、です。

勝負時のディテール

数字も、やはり全国レベルで上がってきました。そして、着任してから3年目の2009年、いよいよキリンビールがアサヒビールを追い上げ、僅差となってきました。全国の営業マンにもそのころにはシェアを奪回するのだという気持ちが行きわたり、学生時代の同級生や親戚に頼んで何ケースか買ってもらう、という手立てをしている人までいました。

10月、わたしはリーダーに対して、具体的なメッセージを送りました。トップシェアをとるために、今何を為すべきか、という内容です。あなたたちリーダーは何をするのか、直接リーダー全員に尋ねたいところですが、時間がないのでわたしから話をします、と。

まず、リーダーがほんとうに覚悟を決めて腹をくくれ。現場からみると、口だけで先頭に立たないリーダーの言うことは聞きたくない。だから、部下が「この人のためならしょうがない」と思うような100度の熱を出し続けろ。

年末に勝利することだけに集中しろ。リーダーが販売数を積み上げる主体的意識をもて。メンバーにまかせています、ではなくリーダーが出向いて今すぐ一緒に課題解決する姿勢であたれ。

目標達成は当然のことで、まだ打てる策はないか、もっと数量は積み上げられないか、考えろ。

料飲店では、訪問で種を蒔いてあるのだから、確実に刈り込んで数字をつくれ。

宴会シーズンは瓶が出るから、1ケースでも積み上げる料飲店活動を推進しろ。

量販店の本部担当は年末までの販売計画を至急確定させろ。

小さい量販店や小さいスーパーもとにかく回れ。

スタッフは営業と一緒に現場に行って、勝つためにどうしたら数字がつくれるかを考え、必要と思われることをサポートしろ。

マネジメントのトップというのはふつうここまで具体的な指示はしませんし、とくにわたしはこういう指示はしてきませんでした。しかし、このときだけは別でした。

勝負時というのは具体的なディテールがすごく大事なのです。そこはわたしが伝え、それを各リーダーがメンバーにそのまま伝えていくやり方をこのときばかりはとったのでした。

決戦前夜

２００９年のシェアは12月31日課税出荷分までの合計で決定します。わたしは12月7日に、全国営業部門会議でメッセージを発信しました。

今年最後の1カ月となりましたが、市場では決着がつかず、大激戦が続いています。我々は、何が何でもトップに向かい前進する。とにかく、流れてきた木にでも何でもしがみついて前進しろ。今月皆さんに伝え、お願いしたいことはこの一点。

市場でアサヒも必死になっています。やれることは何でもやるというスタンスになっている。2位に落ちたら大変だという危機感が大きなバネになっている。

我々キリンはトップの先に目指すものがある。それはお客様に喜んでいただくためなんだと多くのメンバーが感じている。

・トップ奪回により、長年キリンを飲んでいただいている人たちに、自分の選択は間違えてなかったと思ってもらえる。

・他社製品を飲んでいる人たちには、キリンも飲んでみようかと思ってもらえ、そうなってキリンがよいと喜んでいただけるチャンスができる。

・キリンを扱ってくれている料飲店さんに喜んでもらえる。

・自分を信頼してくれた量販店さんに応えることができる。

キリンを飲んでいただけるチャンスを拡げようとする我々の行動が、さらに説得力をもつことができ、喜んでいただけるお客様を増やせる。

そのために「地道に愚直に徹底的に」を合言葉に、さらに1本、1ケース、10ケースを増やそうと、大変な仕事を毎日してきているのだと思います。

そのうえで、9年ぶりのトップ奪回の場に立ち会えることは「誇り」だと、多くのメンバーが言ってくれています。

「自分の家族に、お父さんはトップの会社に勤めているんだ、お父さん自身も頑張ったと胸を張って言いたい」

12月の仕事は「キリンは一生懸命」、このメッセージを市場に伝えることです。

売り上げに関係することだけに集中する。関係するところだけを回る。

わたしも含めてですが、リーダーは勝敗を決するときですから、最前線で闘う。リーダーはそういうものです。敵に対しても味方に対しても、勝利への執念を見せましょう。

大接戦ですから、最後は1本1本の闘いになるかもしれません。たとえ1本でも勝ちは勝ちです。現場の1本、1ケース、10ケースに徹底してこだわれ。以上です。

そして12月中旬までの年間累計ではキリンがリードしているとの情報が入ってきました。しかし、12月上・中旬だけでいえばアサヒに僅差で負けていることもわかりました。そして最後の12月下旬は正月需要のため夏場最盛期以上に出荷が増えるときであり、毎年ビール各社が必死の売り込みをかけます。

そこでわたしは再度、メッセージを短く発信しました。

最後の10日間になりました。

最終決着はまだ楽観を許さない状況にあります。

皆さんの粘り強い活動が、社内、社外に、そして取引先に味方を増やしています。

大型商品のヒットで流れを変えたのではなく、皆さん自身の活動によってここまで来たのです。そして、最後につかもうとしているチャンスなのです。皆さんひとりひとりの活動がキリンの勝ちにつながっていると実感できる、そしてキリンやチーム・仲間たちに貢献していると実感できる。今まで応援してくれた人にご恩返しもできる。

皆さんの生き方に影響を与える10日間になるかもしれません。

後ろを振り返らず「走れ」。自分の枠を超えることができます。

勝利の日。2010年1月15日

そして年が明けて、2010年1月15日。

正式な対外公表数である課税数量が発表され、キリンが首位を奪回したことが明らかになりました。

この章を、この日のある営業マンの日誌を紹介して閉じようと思います。

書いたのは、東北で料飲店を担当する女性の方です。


日中の活動中に首位奪回!!のニュースを聞きました。

恥ずかしい話ですが、嬉しくて運転しながら泣きました……。

それからは、お得意先のお店、その周辺のお店を訪問し、定期訪問と併せてお礼を言いながらの活動になりました。

どこの料飲店さんでも、「よかったね、頑張ったね」と声をかけていただきました。その度に胸が熱くなり、多くの方が応援してくださっていることを改めて実感しました。

帰宅途中に自宅に電話すると娘が出て、「お母さん、おめでとう！　よかったね、ニュースで見たよ。今夜はお祝いしよう」と開口一番に言われました。またまた嬉しくて涙が出ました。家族のおかげで仕事ができること、応援してもらっていることに、帰宅して改めてお礼を言いました。

お客様に感謝！　家族に感謝！

皆様、今年も頑張っていきましょう！

第三章　まとめ：勝つための「心の置き場」

高知支店を去るときに、メンバーが「田村語録」というものをつくってくれました。日ごろからわたしが言っていたことを覚えていてまとめてくれたのです。

それと同じように、わたしが考える、勝つための考え方、「心の置き場」を最後に短くまとめておきます。

なお、巻末には旧来のマネジメントとの対比表をつけましたので、参考にしていただければ幸いです。

●事実をベースに考えつくす

まず、現実を正視してそこから学ぼうという誠実さがなくてはなりません。だめなのは、データを分析し、観念論で現実を切ること。事実から出発しないで理想を語っても意味がありません。事実をもとにして、自分の理念に達するまで考えぬく、考えつくすことが重要です。

また、現実と格闘してこそ、営業にとって普遍的なフィロソフィーが得られるのです。

●理念

自分は何のために仕事をするのか、この会社は何で成り立ってきたのか。根っこや源流は何なのか。そこを考えつくして行き着く、いわばアイデンティティ。困ったときの道標にもなります。ただし、理念を現実にどう生かすかは極めて困難。一方で、理念がないと前進しない。理念は現場で発見するきっかけを得ることが多いと思います。また、リーダーには理念を形骸化させないという役割もあります。

●ビジョン

理念に基づいた〝あるべき状態〟。これをチームで共有できれば、戦略の絞り込みができるようになり、戦術はそれぞれの個人が自由に工夫をするというダイナミズムが出来上がる。理念、ビジョン、戦略、戦術が一貫性をもてば、必ず数字にも変化は表れます。

●腹をくくる

コミットメント（約束）という言葉を、わたしは「腹をくくること」と理解しています。

リーダーが部下の信頼を勝ち取るのは、沸騰するほどの熱を発しているときです。「60度ぐらいでいいや」だと組織にその熱が伝わってエネルギーが湧いてくるような事態にはならないのです。そして行動を起こしたら、実績を残すことも非常に重要です。口だけのリーダーに成り下がっては部下の信頼は生まれないのです。

言いかえれば、すべてはリーダーの責任。

●成功体験

成功体験が生まれると、リーダーは信頼を得ることができるようになります。

また改革というチャレンジを始めるときも、実績が大きな力になる。

お客様のほうを向いて、ぶれることなく愚直に行動すれば、時間はかかっても、実績は必ずついてきます。問題はそこまで腹をくくった決断ができるかどうか。

負け戦を挽回するときこそ、腹をくくったリーダーが先頭に立つべき。苦しいかもしれないが、そうして勝ちをおさめれば、大きな成功体験としてその後の自分を助けてくれます。

●ブランドとは守りの思想

ビールでいえば、今飲んでくださっている人を徹底して大切にすることが重要です。そうすれば自然とブランド力がアップするのです。ブランドを通じて会社とお客様との関係が成り立っているので、お客様との関係を強化することはブランド力アップと同じ意味です。

逆にいえば、ブランド力アップにつながらない活動は意味がない。そこを理解したうえで、それぞれの営業マンが自分なりの工夫をするとどういうことになるか。

たとえば、キャンペーンの見方も変わってきます。

「100ケースとったらこれがついてますよ、だから100ケースとってください」というのが従来の営業のやり方でしたが、「100ケースにこれがついているので、お客様に気付いていただくために店頭をこう変えましょう、そうすれば、お店の売り上げが上がりますよ」という提案に変わってくるわけです。

また、ブランド育成で重要なのは一貫性。個々のブランドがもつ本質的価値に軸足を置き、臨界点に達するまで、店頭から同じメッセージを伝えていく。営業の現場がブランドを育成していくのです。

●営業のイノベーションとは

イノベーションとは、既存のものや力の組み合わせ方を革新し、社会的価値を実現する行為です。それぞれの要素は既存のものでかまわないのです。だから誰にもできるのです。

対照的なのが、官僚的支配。画一化を好み、計算不可能なものは一切認めない。仕事を事務処理的に遂行しようとします。

●リーダーシップの確信を支えるもの

まず、ひたすら考えること。そして、未来は予測できないが、創ることができるという思想。この思想で、今はだめな現場がだめでなくなります。実行力への信頼。戦略を柔軟に実行できる適応力。

●勝ちたいという執念

競合他社との競争に、お客様の獲得という競争に、何としても勝ちたいという執念をもち続けること。この執念の持続性が、勝敗を分けることに直結しています。コミュニケーション活動や広告活動も、「何とかして勝ちたい」という創意工夫から生まれてくるものです。

●結果のコミュニケーション

自分がやる、と約束したことを実行できたかどうかをリーダーと（メンバーと）コミュニケーションし、できていなかった場合はなぜできなかったか、ほんとうにできないことだったのかをつきつめることです。つらくても続けていくと、営業マンが自分の頭で考え、行動して、主体的に議論する能力を呼び込みます。

●最少のコストで最大の顧客満足を

一見、相反することに見えますが、正面から受け止めてこれを少しずつ克服していくことが、実は営業マンにやりがいと成長をもたらすことにつながります。お客様本位や基本活動の徹底を心のなかに置くことで前進できます。これをあきらめると、金の切れ目は縁の切れ目状態となったりして仕事に誇りがもてなくなります。

●チームワーク

ひとりひとり、個人では勝てなくても、チームでならば勝てる。

これが日本企業の勝ちのパターンです。

部分最適の考えを捨てて、全体最適を達成すると、そこに成長があるのです。またメンバーひとりひとりにとっても精神的な力になるのがチームワークの存在です。

チームワークで達成した喜びは、個人が達成する喜びより広く、深いものとなります。

●量は質に転化する

基本活動を愚直に地道にやっていると、いつかそれが質を生み出してくるのです。たとえば料飲店において、豊富な訪問がお客様の信頼に結びつき、市場への理解が深まることから、結果的に我々の活動全般が効率化されるからなのです。平凡を極めると非凡に変わる、ともいえます。

●苦しいときの変革は地方から起こる

企業がほんとうに苦しく全体戦では勝てないでいるときに、地方から変革が起きることがよくあります。中央から離れた地域という限られた場所だからこそ、雑音に惑わされることなく、現実をつぶさに見て分析し、地域のお客様の共感を得る活動を行えば、起爆的な変化をもたらす可能性が十分にあります。

●顧客目線のシンプルな戦術

営業マンは忙しいので、やることをシンプルにしておかないとやらなくなってしまう。複雑すぎるとやらなくなってしまうのです。

また、営業マンの先にいるお客様や流通の人も、シンプルなことしか聞いてくれない。よほどシンプルに「だからこのビールを飲んでもらいたいんです」と伝えるしかありません。

●バックミラーを見ながら運転してはいけない

データがこうなっているからとデータだけに基づく計画が多すぎます。データは過去の我々の行動の結果に過ぎません。過去の行動が我々の未来を決定するのはおかしい。現在と将来は我々の手にあるのです。

●動きのあるものとして捉える

一例ですが、机の上で計算して小さい店や儲からない店への活動を一律的にやめると落とし穴にはまります。市場を止まっているものとして見て考えるからそうなるので、そうでなく市場全体を動きのあるものとして捉えることが大事です。市場のダイナミズムを生かし、うねりをいかに起こしていくか、そこに関心をもつことが大事です。

5つの要素と2つのあり方

1．ビジョンを明確に描く。
2．ビジョンを「自分が実現する」と決める。
3．ビジョン実現のための戦略・戦術（勝利へのシナリオ）を考え抜く。
4．勝利へのシナリオを「自分がやりきる」と決める。
5．結果のコミュニケーションと徹底した活動の継続。

約束
（コミットメント）

約束（コミットメント）とは決して人から迫られるのではなく自発的に湧き上がるもの。

ビジョン実現のために、すぐやる、何でもやる、手に入るまでやる。

責任者
（自分が源・自分ごと）

すべては、自分の選択の結果である。何かのせい、誰かのせいにしない。

常に自分が源、自分が当事者であるという意識。

価値を創造する営業（新旧対比表）

	正しいマネジメント	旧来のマネジメント
事業の目的（何のために）	・お客様に自社商品を買っていただき喜んでもらうこと ・お客様の満足と価値が重要（貢献）	・売り上げ、利益を上げること（自己満足・維持）
良い会社	・理念の追求度が高い会社（そこに向かって120％の努力をしている会社）	・大きな事業規模をもち、利益額の高い会社
ビジョンと目標	・すべてのよりどころとしてのビジョン ・ビジョン実現に本気になることにより、高い目標に向かう意味も明確になる	・ビジョンはお題目で、活動指標等の目標がよりどころ ・活動指標をゴールにするため、働いている意味を失い、疲弊しがち
求められること	・ビジョンの実現に本気になること	・言われた通りに実行すること
目標達成へのプロセス	・ビジョン・戦略・戦術の軸が明確なので、発想や行動に自由度が高まる	・管理志向が強まり、現場の自由度が下がる ・やらされ感が生まれやすくなる
問題解決	・どうしたらうまくいくかを考える ・広い視野から、あらゆる可能性を検討する ・すぐに行動、行動しながら修正	・なぜうまくいかないのかを分析する ・原因の克服のみを考える ・原因の究明に時間をかけすぎ、行動が遅れる
何と向き合うか	・最も重要な市場の事実	・決められた指標の達成度
思考の基準	・現場のリアリティ重視 ・強みの強化	・机上の理論と分析重視 ・弱点補強
行動スタイル	・主体的行動スタイル ・自らの力を信じ、自らの工夫と努力により、困難な状況を突破する ・決してあきらめない	・受け身の行動スタイル（細部にわたる管理により醸成される） ・自由度が低い分、言い訳が可能となり、無責任な体質が生じる ・すぐにあきらめる
行動力	・正解がわからなくても前進する ・動きながら考える	・会議で議論し結論が出てから動く ・動けばすぐにわかることも、考えすぎて前進しない
営業の能力	・さまざまな局面に対して、自分で最善の手を見出そうとする気概（自分の意思決定による一歩を最善と信じ、それを実行する者が評価される）	・社内での説明能力の高さ
求められる人材	・イノベーションを起こし、付加価値を生み出す人材	・決められた範囲の仕事を正確にこなす人材
リーダー	・理念・戦略・戦術の軸をメンバーに説明・共有し、主体的に行動するようリードする ・現場で率先垂範し、現場に強い ・現場の事実を戦略立案につなげる	・現場から離れた後方で、指標によりメンバーを管理する ・社内の報告や会議に強く、現場への関心が低い

あとがき

講演会などで、営業社員がやる気を失って内勤業務を希望する者が増えた、どうしたらよいだろうとの質問をよく受けるようになりました。

多くの会社で企画管理部門が強くなる一方で、営業や製造の現場の力が弱くなっているように感じます。会社の内部に官僚主義が蔓延してきたことと関係があると思います。

「現場力」、それと同時に何のためにこの仕事をするのかという「理念」が弱くなってきていると思います。

そもそも「現場力」と、お客様や会社、チームのためというような「理念」のふたつは日本企業の強みだったはずです。その強みを失ったために、日本企業の競争力は落ち、国民ひとりあたりGDP（国内総生産）の国別ランキングが急落してきているのではないかと思います。

なぜ強みを失ったのでしょうか。

複合的でさまざまな原因があると思いますが、外部環境要因に限れば、わたしは「デフレが長期にわたったこと」と「近視眼に陥りやすい四半期決算制度導入をはじめとする近年の会社統治改革の失敗や過剰なコンプライアンス強化」の二点が挙げられると思います。

わたしたちは評論家ではありません。現実に向かい合わなければならない立場にいます。ひとりひとりの貴重な人生に関わる問題だからです。誰かや何かのせいにして済ますことはやはりできないのです。日々忙しいなかですが、逃げずに正面を見据えていただきたいと願うのです。わたしは現場と経営というふたつの立場を比較的短期間に経験しましたが、結局顧客との接点である現場を起点としてブレイクスルーするしか企業の回復、従業員の成長は難しいのではないか、と考えるようになりました。なぜ現場かというと、ビジネスに不可欠なリアリズムや本質がそこに在り、会社を変えるエネルギーになりうるからです。

高知時代に不思議な体験をしました。

あり得ないような幸運が次々に訪れたのです。

感覚的なものですが、何か宇宙の大きな温かい力に強く後押しされている気がしていました。

自分の成績のためにとかではなく、高知の方に美味しいキリンビールを飲んでいただき喜んでいただくこと、途中からこのことだけに集中したことから目に見えない力の後押しを受けたのではないかと思っています。

わたしのような者が世のため人のためというのも僭越ですが、「善なるものへの意思」が大切であることを感じておりました。最後の本社勤務のときにも、世界一美味しいビールをつくって日本人を幸せにするんだという意識を常にもっていました。

考えてみますと、どの会社も社会から必要とされる（た）から存続しているわけです。製品やサービスのレベルを高めもっとお客様に喜んでいただくという大義を忘れず懸命の努力を重ねることにより、素晴らしい経験を得るチャンスを掴むことができるのではないかと思います。

わたしが会社を去る際の送別会では、過去の職場の人たちから、「仕事がこんなに素晴らしいこととは知らなかった」「生きるという意味が初めてわかった」という言葉を沢山いただきました。

個人が本来もっている良さが次々に現れてくる、人間としての質が高まりより個性的になる、そうした変化は仕事を通じて得られるものであり、仕事というのは凄いものだということ、そういうチャンスが実は皆様の目の前にあるのだということを、会社を辞めて改めて思っています。

会社生活を振り返りますと、懐かしく思い出されるのが入社してすぐに配属された岡山工場で、毎晩上司や現場の人たちと飲んでいたことです。そこでは会社や工場はどうあるべきか、今この問題で困っている、こう考えたらよいのではというような話を常にしていました。会議室ではどうしても建前が支配しますから本音ではこうだと言い合える場所が大事です。先輩の話を聞きながら全体感を養うことができましたし、大事なものを受け継ごうという使命感も知らないうちに湧いてきたように思います。最近はそのようなシーンを見かけることが少なくなり残念な気がします。

また工場長も新入社員も違うのはその役割だけであり、それぞれの年齢、立場で考えることを率直に話す責任があり、責任を果たすというその意味では工場長も新入社員も平等であるという、そのようなスタイルを身につけられたのもよかったと思います。

本書を書くにあたり、改めて振り返りますと社外、社内の多くの人たちに支えられてきていることがわかり感謝するのみです。

高知の人たちからも熱いご支援をたくさんいただきました。いちいちお名前をあげるのが不可能なほどです。

南国高知の風土にもいやされました。透明な空気、キラキラした光、紺碧の空、群青色の広い太平洋、パワーがあるところです。安くて新鮮で美味しい活気溢れる飲み屋さんもたくさんあります。

わたしは文書はＡ４用紙２枚以内にまとめるというルールで長年過ごしてきたため、それ以上の文書を書いた経験がありませんでした。

この本は野地秩嘉さん、講談社の青木肇さん、スケープスの山口あゆみさんのご尽力なしにはできませんでした。

最後になりますが三氏のお力添えに感謝いたします。

２０１６年４月　　田村　潤

田村 潤

1950年、東京都生まれ。元キリンビール株式会社代表取締役副社長。成城大学経済学部卒。95年に支店長として高知に赴任した後、四国4県の地区本部長、東海地区本部長を経て、2007年に代表取締役副社長兼営業本部長に就任。全国の営業の指揮を執り、09年、キリンビールのシェアの首位奪回を実現した。11年より100年プランニング代表。

講談社＋α新書《プラスアルファ》 725-1 C

キリンビール高知支店《こうちしてん》の奇跡《きせき》

勝利の法則は現場で拾え！

田村《たむら》 潤《じゅん》

2016年4月20日第 1 刷発行
2025年3月 4 日第35刷発行

発行者——篠木和久
発行所——株式会社 講談社
東京都文京区音羽2-12-21 〒112-8001
電話 編集(03)5395-3522
販売(03)5395-5817
業務(03)5395-3615

デザイン——鈴木成一デザイン室
カバー印刷——共同印刷株式会社
印刷——株式会社KPSプロダクツ
製本——株式会社国宝社
本文データ制作——講談社デジタル製作

KODANSHA

定価はカバーに表示してあります。
落丁本・乱丁本は購入書店名を明記のうえ、小社業務あてにお送りください。
送料は小社負担にてお取り替えします。
なお、この本の内容についてのお問い合わせは第一事業本部企画部「＋α新書」あてにお願いいたします。

Printed in Japan
ISBN978-4-06-272924-6

講談社＋α新書

定年前にはじめる生前整理 人生後半が変わる4ステップ
古堅純子
「老後でいい！」と思ったら大間違い！ 今やると身も心もラクになる正しい生前整理の手順
800円 768-1 C

日本人が忘れた日本人の本質
山折哲雄
髙山文彦
「天皇退位問題」から「シン・ゴジラ」まで、宗教学者と作家が語る新しい「日本人原論」
860円 769-1 C

ふりがな付 **山中伸弥先生に、人生とiPS細胞について聞いてみた**
山中伸弥
聞き手・緑　慎也
テレビで紹介され大反響！ やさしい語り口で親子で読める、ノーベル賞受賞後初にして唯一の自伝
800円 770-1 B

結局、勝ち続けるアメリカ経済 一人負けする中国経済
武者陵司
２０２０年に日経平均4万円突破もある順風!! トランプ政権の中国封じ込めで変わる世界経済
840円 771-1 C

仕事消滅 ＡＩの時代を生き抜くために、いま私たちにできること
鈴木貴博
人工知能で人間の大半は失業する。肉体労働でなく頭脳労働の職場で。それはどんな未来か？
840円 772-1 C

病気を遠ざける！ 1日1回日光浴 日本人は知らないビタミンDの実力
斎藤糧三
紫外線はすごい！ アレルギーも癌も逃げ出す！ 驚きの免疫調整作用が最新研究で解明された
800円 773-1 B

ふしぎな総合商社
小林敬幸
名前はみんな知っていても、実際に何をしている会社か誰も知らない総合商社のホントの姿
840円 774-1 C

日本の正しい未来 世界一豊かになる条件
村上尚己
デフレは人の価値まで下落させる。成長不要論が日本をダメにする。経済の基本認識が激変！
800円 775-1 C

上海の中国人、安倍総理はみんな嫌い だけど8割は日本文化中毒！
山下智博
中国で一番有名な日本人——動画再生10億回!! 「ネットを通じて中国人は日本化されている」
860円 776-1 C

戸籍アパルトヘイト国家・中国の崩壊
川島博之
9億人の貧農と3隻の空母が殺す中国経済…… 歴史はまた繰り返し、２０２０年に国家分裂!!
860円 777-1 C

知っているようで知らない夏目漱石
出口　汪
きっかけがなければ、なかなか手に取らない、生誕１５０年に贈る文豪入門の決定版！
900円 778-1 C

表示価格はすべて本体価格（税別）です。本体価格は変更することがあります

講談社+α新書

働く人の養生訓 あなたの体と心を軽やかにする習慣	若林理砂	だるい、疲れがとれない、うつっぽい。そんな現代人の悩みをスッキリ解決する健康バイブル	840円 779-1 B
認知症 専門医が教える最新事情	伊東大介	正しい選択のために、日本認知症学会学会賞受賞の臨床医が真の予防と治療法をアドバイス	840円 780-1 B
工作員・西郷隆盛 謀略の幕末維新史	倉山満	「大河ドラマ」では決して描かれない陰の貌。明治維新150年に明かされる新たな西郷像！	840円 781-1 C
「よく見える目」をあきらめない 遠視・近視・白内障の最新医療	荒井宏幸	劇的に進化している老眼、白内障治療。50代、60代でも8割がメガネいらずに！	860円 783-1 B
野球エリート 野球選手の人生は13歳で決まる	赤坂英一	根尾昂、石川昂弥、高松屋翔音……次々登場する新怪物候補の秘密は中学時代の育成にあった	840円 784-1 D
NYとワシントンのアメリカ人がクスリと笑う日本人の洋服と仕草	安積陽子	マティス国防長官と会談した安倍総理のスーツの足元はローファー…日本人の変な洋装を正す	860円 785-1 D
医者には絶対書けない幸せな死に方	たくきよしみつ	「看取り医」の選び方、「死に場所」の見つけ方。お金の問題……。後悔しないためのヒント	840円 786-1 B
もう初対面でも会話に困らない！口ベタのための「話し方」「聞き方」	佐野剛平	『ラジオ深夜便』の名インタビュアーが教える、自分も相手も「心地よい」会話のヒント	800円 787-1 A
人は死ぬまで結婚できる 晩婚時代の幸せのつかみ方	大宮冬洋	80人以上の「晩婚さん」夫婦の取材から見えてきた、幸せ、課題、婚活ノウハウを伝える	840円 788-1 A
サラリーマンは300万円で小さな会社を買いなさい 人生100年時代の個人M&A入門	三戸政和	脱サラ・定年で飲食業や起業に手を出すと地獄が待っている。個人M&Aで資本家になろう！	840円 789-1 C
少子高齢化でも老後不安ゼロ シンガポールで見た日本の未来理想図	花輪陽子	日本を救う小国の知恵。1億総活躍社会、経済成長率3・5%、賢い国家戦略から学ぶこと	860円 791-1 C

表示価格はすべて本体価格（税別）です。本体価格は変更することがあります